中国高等艺术院校
精品教材大系·服装系列

服装工业制版基础

李正　岳满　余巧玲　编著

人民美术出版社
北京

图书在版编目（CIP）数据

服装工业制版基础 / 李正, 岳满, 余巧玲编著. -- 北京：人民美术出版社, 2023.4
（中国高等艺术院校精品教材大系. 服装系列）
ISBN 978-7-102-09140-2

Ⅰ. ①服… Ⅱ. ①李… ②岳… ③余… Ⅲ. ①服装量裁－高等学校－教材 Ⅳ. ① TS941.631

中国国家版本馆 CIP 数据核字 (2023) 第 054436 号

中国高等艺术院校精品教材大系·服装系列
ZHONGGUO GAODENG YISHU YUANXIAO JINGPIN JIAOCAI DAXI · FUZHUANG XILIE

服装工业制版基础
FUZHUANG GONGYE ZHIBAN JICHU

编辑出版	人民美术出版社
	（北京市朝阳区东三环南路甲3号　邮编：100022）
	http://www.renmei.com.cn
	发行部：（010）67517799
	网购部：（010）67517743
编　著	李　正　岳　满　余巧玲
责任编辑	胡　姣
装帧设计	茹玉霞　郑亚楠
责任校对	王棪戎
责任印制	胡雨竹
制　版	北京字间科技有限公司
印　刷	北京鑫益晖印刷有限公司
经　销	全国新华书店

开　本：889mm×1194mm　1/16
印　张：10.75
字　数：138千
版　次：2023年4月　第1版
印　次：2023年4月　第1次印刷
印　数：0001—3000册
ISBN 978-7-102-09140-2
定　价：45.00元

如有印装质量问题影响阅读，请与我社联系调换。（010）67517850

版权所有　翻印必究

内容提要

　　本书是专业讲授服装工业制版技术内容的教材，详细全面地讲述了服装工业制版的理论知识，同时充分考虑到服装行业市场现状和工业制版的技术发展对服装专业人才的需求，力求内容源于企业、优于企业。本书包括服装工业制版程序、人体与服装规格系列、服装工业制版原理、服装工业推版基础、服装排料及计算机辅助服装工业制版等。书中配以大量经典的款式实例，有很强的针对性和可操作性，具有较强的指导意义。

　　本书图文并茂，由浅入深，适用于高等院校服装相关专业，也可作为服装高职或中专学校、服装技术人员的技术提高及培训使用教材，对广大服装爱好者也有较好的参考价值。

序

服饰文化的人文价值

社会发达程度越高，服饰文化的人文价值就会成正比地增加。

人文科学与自然科学是人类社会学术研究的两大分支。文学与艺术属于人文科学的核心内容之一，研究服饰文化的人文价值隶属于人文科学的专业范畴。

有一句流传甚广的话："科学让你活着，艺术让你快乐。"这句带有幽默与调侃的话揭示了自然科学与人文科学辩证统一的关系。司马迁说："人固有一死，或重于泰山，或轻于鸿毛。"裴多菲·山陀尔说："生命诚可贵，爱情价更高，若为自由故，二者皆可抛。"这些名言警句都强调了人文精神与人文信仰的伟大力量，强调了物质与精神对于人类来说的重要性，只是重要的程度因人的不同而不同。这里讲的"因人的不同"是特指具有不同价值观的人、具有不同信仰的人、维度不同的人、境界不同的人、身处环境不同的人、接受教育不同的人，也指性别不同的人、阶级不同的人、年龄不同的人、健康程度不同的人等。诸多因素不同的差异性导致了人们对物质与精神需求的巨大差异。从这个视角，我们就很容易看到服饰文化的多样性是符合人伦天道的，只有在某种国家意志或封建帝王制度的干预作用下才会出现服饰大一统和不自由的现象。

无论是服饰文化研究还是其他领域研究，我们都应该考虑其研究的学术价值、实用价值以及研究的现实意义。从人文科学的研究价值来说，服饰文化与服饰文明都是人类社会进程中重要的视觉标志，直接影响着人们的视觉感知、视觉信息、视觉意识等，所以服饰现象是人们物质文明与精神文明不同层次的一种表现。服饰文化具有层次之分，因为它与政治、经济、信仰、认知度都有着必然的联系，或者说服饰文化层次之分恰恰就是这些因素互相作用的一种结果。

同样一件事物不同的人会有不一样的评价与逻辑，这与人的认知度有着直接的关联。认为这个是美的还是丑的、是对的还是错的，双方都会有充分的理由与论证，因为这是形而上的问题，用一句话概括就是：对错是由你的角度与立场决定的。一般情况下，具有高维度思维的人会兼容低维度思维的人，而低维度思维的人往往不会兼容高维度思维的人，这是由可量化的思维形态所决定的。在思维形态中高维可以兼容低维的同时，高维也可以制约低维。现在有一句流行语叫"降维打击"，是什么意思呢？它是指高维可以轻松制约低维，而低维在高维面前没有还手之力。在今天来谈人的"多维性"是很容易理解的，这个可能与高科技互联网、商业高度发达有关。总之，不同的人在意识维度方面有高低之分已是现代人一种普遍可以接受的共识。这个道理可以导引出服饰文化审美层次的存在是一种客观存在的意识形态。

在这里阐释高维度意识与低维度意识存在的目的是：用其来推导出"服饰文化的人文价值一定会因人的不同而必定具有高低层次之分"。服饰文化的人文价值是动态变化的，它不可能恒定不变。服饰从物质现象升级到精神需求这无疑是一种进步，是人类从物质文明到精神文明的升华。从这个发展与进步的角度来看，服饰文化的演绎就是"衣"文化从物质形态向精神形态的过渡，也是"衣"文化审美意识由低维向高维的过渡。研究服饰文化是因为现代文明社会中人们非常注重服饰审美精神需求，这个需求更需要我们来研究与挖掘服饰文化的人文价值。服饰艺术不仅可以满足人们的幸福感，而且还是人类对美的认知与体验美学的重要内容，其人文价值不容忽视。

服饰文化的人文价值是相对于"服饰文化的自然物质价值"而言的。服饰文化的人文价值主要是指服饰中精神领域的价值内容，是一种主观行为导致的价值取向；服饰文化中的自然物质价值主要是指服饰对人类生命与身体保护范畴的价值。

关于服饰文化的基本属性可以分为精神属性与物质属性，其中精神属性往往就是服饰文化的人文价值部分，而服饰的物质属性往往就是服饰文化的自然科学价值。服饰文化的精神价值（心理价值）与物质价值都是服饰文化的价值组成，二者是服饰文化价值中不同的两个方面：一个是服饰精神层面的需求，即主观性表达；另一个是自然物质层面的需求，即为了人的客观生存性表达。

服饰文化中人文价值部分主要包括人类精神领域的意识流价值，譬如服饰艺术价值、服饰设计价值、服饰美学价值、服饰的象征意义、服饰的精神文明价值等。从服饰艺术的视角来说，服饰设计就是人类对人体的艺术美化，是对人体外观造型的二次塑造。追溯人类对人体自身进行二次塑造，就不难发现人类对美学意识的觉醒与升级，对美感的提升，当然也包括了人类原始的自然崇拜与某些迷信意识。

从人本学的角度来研究服饰文化的人文价值，我们认同"人体之美才是万物之美的核心"，就如同唯物主义坚定物质决定意识与唯心主义哲学派系始终坚信意识决定物质的逻辑性一样。所以，从人本学的观点来研究服饰审美，我们就需要坚持"人体之美在物质世界中是万物之美的核心之美"，人体之美也是物象之美的原点。

"物象"与"心象"问题就是物质形态现象与人类特有的内心世界存在、人的意识形态问题。"服饰文化物象"是相对于"服饰文化心象"而言的，二者是服饰物质与服饰意识的问题。人体与衣服的融合现象就是服饰文化物象，是一种物质形态的客观存在，而在人的大脑中还有一种透过服饰文化物象的非物质认识存在，这种认识存在就是人们的思想活动之存在，即服饰美学意识。服饰美学意识形态是存在于无形之中的，是我们人类无法通过视觉功能能够解决的问题，它存在于我们的心理之中。

服饰文化现象不仅是一种服饰视觉效果，更是一种动态美学。尽管通过视觉信息的捕捉就可以评判服饰审美现象问题，但是服饰现象背后蕴含着的服饰审美逻辑性问题单靠视觉反应是无法解决的。这个问题属于服饰文化美学逻辑范畴，美学属于意识形态问题，牵涉到了服饰审美，意识形态，包括阶级性、环境论、认识论、善恶论、层次论等。但是，如何提升我们的服饰审美，这就需要提升我们的审美心智，这个心智是需要接受某些教育与教化之后才有可能达到一种新高度的审美意识水平。"这个世界从来就不缺少美，只是缺少发现美的眼睛"，这是哲学家得出的关于美的认识论。那么在这里就很有必要讲一下人的"服饰认知维度问题"了：一维认知维度、二维认知维度、三维认知维度、四维认知维度、五维认知维度是有区别的，区别的核心是认知水平与境界的差异性问题。要去揭开不同级别维度的面貌，那是另一个重大系列问题的研究了，在此书中就不加以展开论述了，只能作为一个概念给大家以启示。

人体与衣物相融合构成了人文美学高维的新形态。从人类进化历史的角度看，原始人类在很长的一段时期内是不需要穿戴服饰的，这与当时的气候有关，与原始人类拥有天然的防御寒冷、防御外界易伤物的长浓体毛（包括皮厚）有关，也与当时的地理环境有关。原始人类的审美层次与现代人类的审美层次无疑是有着极大差异性的，这个道理不用理论。但是我们要明白，人类就服饰审美的本质逻辑都是一样的，不论古人还是现代人，对于服饰美的追求都是相同的，因为"爱美之心人皆有之"。在实现服饰审美过程中，只是人类拥有的物质基础决定了人们对于美的满足层次而已。

服饰文化人文价值的体现就是要释放人的爱美天性，实现服饰自由。在服饰现象中，人类对于美的追求、对于服饰美的知行合一是人文价值的重要内容。

在当今高科技赋能的文明社会，人与人的交往中服饰形象的价值往往在很大程度上直接影响对方对你的第一认知。这里的服饰形象是指包括人体在内的一种服装状态感。服饰文化的人文价值在当今更是值得重视，它不仅是你身份的象征，也是你自身的"风水"，它不仅是你内心世界的外在表现、修养表达、三观的态度解读，也是你审美层次的直接符号。从人文价值来阐释服饰文化是有别于自然价值的，这是由人文与自然的属性决定的。

服饰文化高维新形态是指服饰文化可以具有一种趋势，即追求大美无疆，美育高尚，各美其美，美美与共。高维意识的人与低维意识的人在对待服饰美学认知程度上是有着很大区别的。差异性是社会的常态，高低之分也是客观现象，否则就不需要教育了。服饰文化中的审美具有层次之分，这与个体的人有关，因人不同美的价值也就不同。

服饰审美不仅有层次之分也有阶级之分，同样具有大美学的共性特征及其属性，服饰文化中的美学同样也具有层次之分和阶级之分。"美"有时就是一个比较悬空的概念，在很多时候人们很难说得清楚"美"到底是什么，对于一般人来讲，其实也没有必要从专业的角度来厘清美究竟是什么。好看、漂亮、舒适感、快感、爽酷感等是不是美，还是美的要素？美与审美有什么区别？"美"与"美学"又有什么区别？这些综合因素的正确认知不是一般人的知识能力与认知水平所能够达到的，因为这个课题不仅是一个专业问题，还是一个哲学问题。

服饰文化的人文美学价值层次可以概括为：大美道法自然，中美物厚人及，小美可以装扮（化妆）。"大美道法自然"是美中之至美，这里的道就是"道可道非常道"的道，是最为适合宇宙与自然的天然之美，不必"人工雕琢"即可达到的仙境之美。"中美物厚人及"具有厚德载物的某些部分含义，强调了"物厚"的存在方可获得中美，它是指在拥有一定物质厚度的前提下可以达到的一种物质与精神相融合的综合之美。这其中就包括了服饰的材质美学、服饰制作工艺美学、服饰展示的场域混合美学、服饰意象美学等。"小美可以装扮"一般是指众人通过服饰选择与化妆技艺而达到的一种技术形象美学，主要包括物象的外在形态。

在人文美学方面关于审美层次问题自古就有，比如"天有时、地有气、才有美、工有巧，合此四者然后可以为良"，这是中国古代工艺官书《考工记》中的一句话。这句话高度概括了古人对于设计学的基本要求，也是对设计作品的美学品格给予了方向性的指导。讲到艺术审美的相对标准，我们很自然地还会联想到南北朝谢赫提出的"六法论"问题。"气韵生动、骨法用笔、应物象形、随类赋彩、经营位置、传移摹写"，"六法论"比较科学、概括地评价中国画品格的相对标准与基本艺术要求。谈论《考工记》与"六法论"的目的是导引艺术与设计的美学价值在服饰艺术中的人文价值应该如何加以评价。

从快感到美感是一种进化论，服饰现象也同样经历了这一过程。快感是动物器官在获得某种满足后的一种良好感受，快感明显带有动物体验属性，从其产生的过程看带有一定意义上的客观性。但是，美感不等同于快感，它可以包括快感这个要素，它是一种纯粹的心理活动现象，是一种认知感受，是一种意识形态，其属性是典型的精神世界的产物，我们将这种意识形态称为"心象"。

之所以说"从快感到美感是一种进化论"，这是从人类进化的历史演变角度来阐释的。自类人猿到猿人类的进化经历了非常漫长的历史，也是从动物进化到人的第一个大变化时期。由动物升级为人的关键标志当然就是制造工具与使用工具，工具的出现与使用在概念上使人脱离了动物的本质。

对于服饰文化中服饰审美价值的认识是一种人文的高维认知。

从原始社会到现代高科技化时代，"衣食住行"都是人类赖以生存的基本支柱，在四大支柱中服饰现象对人们的美学影响是最具深刻性的。深刻性主要是指人们对于服饰审美的心理需求在许多时候远远大于身体需求，其服饰现象的美学价值在文明社会的商业贸易中以价格悬殊给予了某种证明。

服饰所涉及的材料及其呈现的模式在当今已经发生了巨大的变化，这些变化没有形成化学变化而只是物理变化，服饰现象的本质没有改变，将来也不会改变。科技的进步与物质世界的极大文明更加快速地催生了服饰时尚审美的短周期性，生活方式日新月异的变化是包含着服饰内容的一个综合概念。从设计学的角度讲，文化艺术是人类对高层次精神的追求，也是人们在满足了基本物质需求后才会更加注重的一种生活格调追求。服饰物质需求与服饰精神需求哪个更重要？这不是非黑即白的问题，这是一个辩证的问题、一个心理问题，也是一个先后时间问题。这里用"人的信仰"来感受一下物质与精神哪个更重要时可能就比较容易理解服饰现象的人文价值，对于服饰审美价值的认识是一种人文的高维认知的理解也会更透彻一些。

"万物不出一心，一心通融万境。"关于人类的认知问题现在研究的学术成果还是比较多的，认知的层次也是存在高、中、低之分的。在服饰审美领域的认识中，只停留在服饰原始初级功能认知上就属于服饰审美低层次的范畴。

服饰是人体的第二皮肤，是包装人体的艺术修饰，是人类对人体自身进行艺术加工后提升审美的另一种结果。衣服与服装的主要区别就在于一个是不包括人体的纯衣物物件，一个是包括人体在内的衣与人体融合后的一种状态。服饰美是一种状态美，是人体着装后所呈现的一种状态表达，包括人体＋衣服＋装扮（化妆、文身等）。而衣服只是包裹人体的物件，比如一件旗袍、一件西装等，当衣服与人体一旦结合为一体（即人体穿着衣服）后，衣服也就成了服饰的一个组成局部，也就成了服装。由此可以说，服饰是人、衣、妆的融合体。服装美既是一种静态的"雕塑美"，又是一种流动的"雕塑美"。服饰美学当然包括个体人的一种状态之美，包括人的妆容之美，也包括人的特有气质与气场，所以衣服的美不一定对每个个体都是适合的，可以彰显张三美的衣服不一定适合李四穿着。服饰美是包括人物状态的衣人综合之美，这也是服饰文化中人文价值的重要内容。

服饰美学就是你自身的"风水"。讲到风水人们往往会联想到玄学，甚至迷信的味道，其实不然。用风水来比喻个体服饰文化意在强调服饰文化的人文价值，包括服饰造型在客观上引导着人们的心理暗示，服饰色彩在客观上给予人们舒适度，服饰图案能引起人们的联想等。所以，服饰现象给予我们的感官体验是客观的，是我们视觉感官的一种日常的必需。我们在研究服饰现象的人文价值时应该站在一个高度，尤其在东方大国崛起的今天，我们更有责任高举"中国时尚""中国引领""中国美学"的概念来弘扬中华服饰文明，坚定我们的民族自信。

2022年6月写于苏州大学

前言

服装工业制版技术是服装生产企业的技术支柱，是最重要的技术性生产环节之一。它将为服装工业化大生产提供符合款式要求、面料要求、规格尺寸和工艺要求的可用于裁剪、缝制与整理的全套工业样板。服装工业纸样设计的正确与否，会直接影响所生产产品的质量优劣和成品是否合格。

为了满足服装企业工作人员和学生进行学习的需要，本书首先对服装工业制版的基础知识及人体与服装相关规格系列进行了阐述，然后以国家相关标准及实例分别进行了详细的讲解。在服装制版、推版及排料的章节中，尽可能尝试将打版师的操作经验和技巧进行理论化的总结和提升。本书力求与现代服装生产的需求相接近，既注重理论的系统性与科学性，又强调实践的应用性和操作性。

本书由李正、岳满、余巧玲编著，为了高质量完成本书，我们投入了大量的时间与精力，先后数次召开编写会议，不断讨论与修改。但由于编写时间比较仓促，加之编者水平所限，不足之处在所难免，恳请有关专家、学者提出宝贵意见，以便修改。

编者
2022年6月

教学内容及课程安排

章/课时	课程性质/课时	节	课程内容
第一章 （6课时）	基础理论 （14课时）		·服装工业制版概述
		一	服装工业制版基础知识
		二	服装制版前的准备
		三	服装工业制版程序
第二章 （8课时）			·人体与服装规格系列
		一	人体与服装的测量
		二	服装号型与规格系列
		三	经典服装的分类与规格系列
第三章 （20课时）	典型款式分析及实践应用 （36课时）		·服装工业制版原理
		一	服装结构设计原理
		二	服装标准净版版型
		三	服装制版放缝设计
第四章 （16课时）			·服装工业推版基础
		一	服装工业推版的基本原理
		二	服装工业推版的方法
		三	经典服装推版
第五章 （8课时）	基础理论及应用 （8课时）		·服装排料
		一	服装排料概述
		二	服装排料方法
		三	服装排料示例图
第六章 （6课时）	基础理论及应用 （6课时）		·计算机辅助服装工业制版
		一	服装CAD概况
		二	服装CAD系统组成
		三	CAD辅助服装制版

注：各院校可根据本校的教学特色和教学计划对课时数进行调整。

目录

第一章　服装工业制版概述 …………… 001
第一节　服装工业制版基础知识 ………… 002
　　一、基本概念 ……………………… 002
　　二、服装工业制版方法 …………… 004
　　三、服装工业样版的检验 ………… 008
第二节　服装制版前的准备 ……………… 013
　　一、制版前的技术准备 …………… 013
　　二、材料与工具的准备 …………… 018
　　三、工业制版与面料性能 ………… 019
第三节　服装工业制版程序 ……………… 022
　　一、服装结构图设计 ……………… 022
　　二、加放毛版 ……………………… 023
　　三、服装工业推版 ………………… 024
　　四、样版标记 ……………………… 024
　　五、样版文字标注 ………………… 025

第二章　人体与服装规格系列 ………… 027
第一节　人体与服装的测量 ……………… 028
　　一、人体尺寸测量 ………………… 028
　　二、服装放松量规律 ……………… 036
第二节　服装号型与规格系列 …………… 039
　　一、服装号型 ……………………… 039
　　二、服装规格系列的产生 ………… 041
　　三、服装号型与服装规格的关系 … 043
　　四、服装标准的分类 ……………… 044
第三节　经典服装的分类与规格系列 …… 046
　　一、衬衫的分类与系列设置 ……… 046
　　二、夹克衫的分类与系列设置 …… 050
　　三、西装的分类与系列设置 ……… 051

第三章　服装工业制版原理 …………… 055
第一节　服装结构设计原理 ……………… 056
　　一、女装实用原型解析 …………… 056
　　二、男装实用原型解析 …………… 061
第二节　服装标准净版版型 ……………… 062
　　一、女西服工业制版 ……………… 062
　　二、女衬衫工业制版 ……………… 066
　　三、女裤工业制版 ………………… 068

四、旗袍工业制版 …………… 071
　　五、女大衣工业制版 …………… 073
　　六、男西服工业制版 …………… 075
　　七、男衬衫工业制版 …………… 078
　　八、男西裤工业制版 …………… 080
　　九、男大衣工业制版 …………… 083
第三节　服装制版放缝设计 …………… 086
　　一、缝份的设计 …………… 086
　　二、缝份的数值 …………… 087

第四章　服装工业推版基础 …………… 089
第一节　服装工业推版的基本原理 …………… 090
　　一、服装工业推版的概念 …………… 090
　　二、服装工业推版的依据 …………… 092
　　三、服装工业推版的规律 …………… 094
　　四、服装推版的要求及注意事项 …… 095
第二节　服装工业推版的方法 …………… 096
　　一、点放码法 …………… 096
　　二、单向与双向放码法 …………… 098
　　三、线放码法 …………… 099
第三节　经典服装推版 …………… 100
　　一、女式衬衫推版 …………… 101
　　二、旗袍推版 …………… 104
　　三、直筒裙推版 …………… 107
　　四、男式西装上衣推版 …………… 108
　　五、男式风衣推版 …………… 109
　　六、男式夹克推版 …………… 111

第五章　服装排料 …………… 115
第一节　服装排料概述 …………… 116
　　一、服装排料的原则 …………… 116
　　二、服装排料的要求 …………… 117
　　三、画样方法 …………… 120
第二节　服装排料方法 …………… 121
　　一、服装排料基本方法 …………… 121

　　二、服装铺料程序 …………… 122
　　三、服装排料消料计算 …………… 125
第三节　服装排料示例图 …………… 127
　　一、西服排料图 …………… 127
　　二、衬衫排料图 …………… 127
　　三、裤子排料图 …………… 129
　　四、裙子排料图 …………… 129
　　五、大衣排料图 …………… 130
　　六、特殊衣料排料 …………… 131

第六章　计算机辅助服装工业制版 …… 135
第一节　服装CAD概况 …………… 136
　　一、服装CAD设计原理 …………… 137
　　二、服装CAD应用现状 …………… 137
　　三、服装CAD技术的发展趋势 …… 138
第二节　服装CAD系统组成 …………… 139
　　一、服装CAD系统的软件配置 …… 139
　　二、服装CAD系统的硬件构成 …… 142
第三节　CAD辅助服装制版 …………… 143
　　一、纸样设计模块 …………… 143
　　二、推版模块 …………… 144
　　三、排料模块 …………… 145

附件 …………… 146
附1　纺织品、服装洗涤标志（参考） …… 146
　　一、服装洗涤名词术语 …………… 146
　　二、服装洗涤常见图形符号
　　　（附表1、附表2） …………… 146
　　三、常见面料特性及洗涤保养方式 … 147
　　四、各种面料优缺点汇总（附表3） … 151
附2　服装技术文件（参考） …………… 151
　　一、服装技术文件内容概要 ………… 151
　　二、具体技术文件要求 …………… 152

参考文献 …………… 160

第一章
服装工业制版概述

重要知识点：1. 服装工业制版的相关基础知识及工业制版方式和相关流程。

2. 服装工业制版前的技术、材料及工具准备。

3. 服装工业制版与面料性能。

4. 服装工业制版的基本程序。

教 学 目 标：1. 使学生了解服装工业制版的基本概念及相关内容。

2. 使学生了解服装工业制版在服装生产过程中的重要作用。

3. 使学生了解服装工业制版的流程，建立综合思考和分析问题的意识。

4. 使学生了解服装面料在服装工业制版中产生的作用和影响。

教学准备：以学生在相关课程中所学的知识点为基础，使学生深入了解成衣企业制作流程和生产中的实际情况。

服装业的发展与科技进步、经济文化的繁荣以及人们生活方式的变化密切相关,制衣业从往昔量体裁衣式的手工操作发展到大批量的工业化生产,形成了服装的系列化、标准化和商品化。当今时装流行的周期越来越短,这就促使服装业要不断改变现状,向现代化的成衣设计生产发展。科技的突飞猛进、高科技成果在服装工业中的应用,使我们对传统的服装工业制版技术有了新的认识,必须要对传统的设计进行改进、更新,用现代的思维和科学手段来完善它、发展它。而服装工业制版作为服装生产企业必不可少的、十分重要的技术性生产环节,是能否准确实现服装款式造型目的之根本。服装工业制版技术水准将直接关系到服装成品的品质和它的商品性。

服装工业制版是服装结构设计的后续和发展,是高等院校服装专业的一门理论和实际相结合的专业课程。学习服装工业制版的基础理论,了解服装生产的各种实际情况,是掌握服装工业纸样设计的重要途径。只有真正地把基础理论和不同的生产实际情况进行有机的结合,才能最终很好地理解和完成服装工业制版。

第一节　服装工业制版基础知识

服装工业制版是服装结构设计的配套课程,工业样版的设计实际上是服装结构设计的继续和提高,又是服装结构设计的实际应用。所以,掌握服装工业样版的制作设计需要有过硬的服装结构设计知识。服装工业制版不同于单纯的服装结构设计,它有着自身的特有要求,难度要远大于单纯的结构图设计。它首先要符合成衣的工艺要求,其次还必须将净样版合理转化成毛样版,最后还要考虑整个流水线工艺对服装样版造型的影响。

一、基本概念

服装工业制版是由分解立体形态产生平面制图到加放缝份产生样版的过程,为服装工业化生产提供一整套合乎款式要求、面料要求、规格尺寸与成衣工艺要求且利于裁剪、缝制、后整理的生产样。

设计制定服装工业样版必须要懂得服装相关的专业标准,例如"全国服装统一号型"的相关内容与规定,服装公差规定的具体内容,服装企业内部技术标准等。设计制定服装工业样版还必须要有一定扎实的画线绘图能力。样版线条的流畅度和图形外观的优美度直接决定服装成品的好坏,服装版型的优劣(服装纸样设计的平面图形)直接反映在人体穿着服装成品的效果上,这些都需要制版者在绘制工业样版时要将各种线条,特别是一些弧形线条画准确、画优美。好的样版可以实现造型美观、穿着舒适的服装成品。(图1-1)

关于服装工业制版的相关概念如下:

成衣:以标准尺寸批量化工业生产的服装。成衣是指按一定规格、号型标准批量生产的成品衣服,是近代机器大规模生产时出现的新概念,是相对于量体裁衣式的定做和自制的衣服而出现的一个概念。一般在服装品牌店、服装商城、商场、服装连锁店、服装精品店出售的都是成衣。(图1-2)

版:样版,就是为制作服装而制定的结构平面图,俗称服装纸样。广义上是指为制作服装而剪裁好的各种结构设计纸样。样版又分为净样版

图1-1 服饰造型

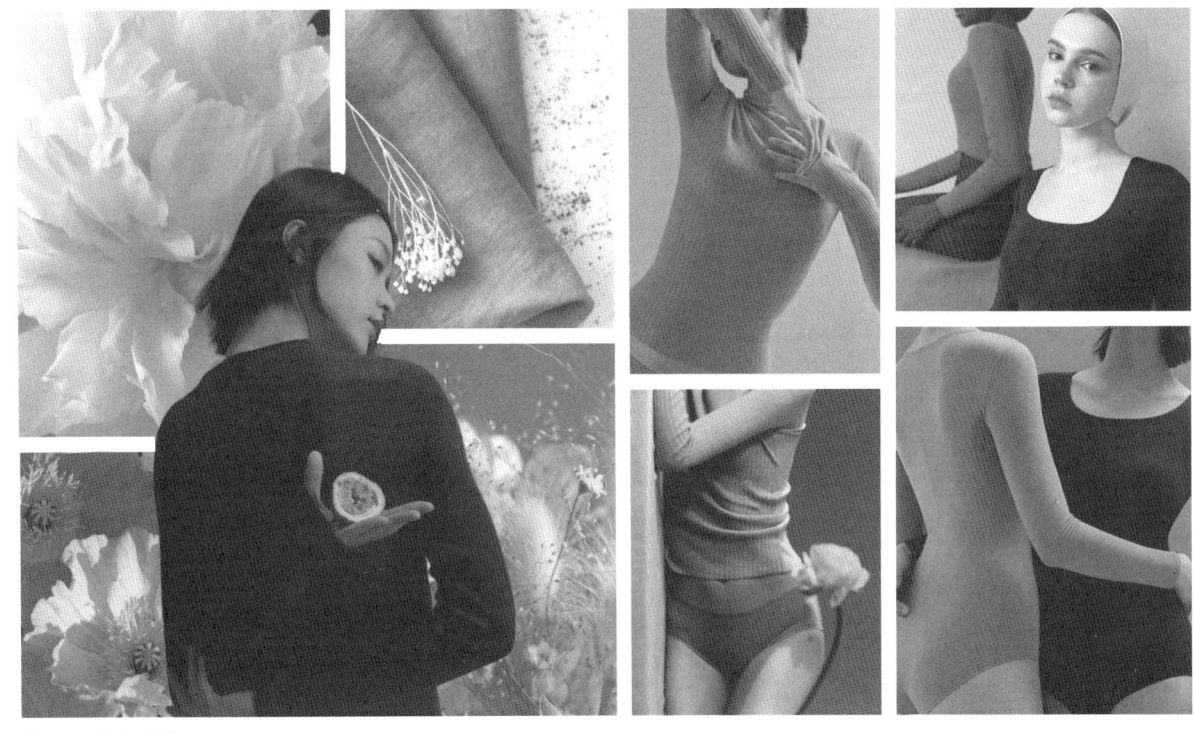

图1-2 服装成衣

和毛样版：净样版就是不包括缝份的样版，毛样版是包括缝份、缩水等在内的服装样版。

母版：一般是指推版时所用的标准版型。它是根据款式要求进行正确的、剪好的结构设计纸版，并已使用该样版进行了实际的放缩版，产生了系列样版。所有的推版规格都要以母版为标准进行规范放缩。一般来讲，不进行推版的标准样版不能叫作母版，只能叫标准样版，但习惯上人们常将母版和标准样版的概念合二为一。

标准版：一般是指在实际生产中使用的、正

确的结构纸样，它一般是作为母版使用的，所以有时也称标准版为母版。

样：一般是指样衣，是以实现某款式为目的而制作的样品衣件或包含新内容的成品服装。样衣的制作、修改与确认是批量生产前的必要环节。

打样：就是缝制样衣的过程，又叫封样。

船样：一般是指成衣工厂为保证大货（较大批量）生产的顺利进行，在大批量投产前，按正常流水工序先制作一批服装成品（20至100件不等），其目的是检验大货的可操作性，包括工厂设备的合理使用、技术操作水平、布料和辅料的性能和处理方法、制作工艺的难易程度等。

驳样：一般是指"拷贝"某服装款式。例如，买一件衣服或从服装书刊上确定某一款服装，然后以该款为标准进行纸样模仿设计和实际制作出酷似该款的成品等。

服装推版：现代服装工业化大生产要求同一种款式的服装要有多种规格，以满足不同体型消费者的需求，这就要求服装企业要按照国家或国际技术标准制定产品的规格系列，包括全套的或部分的裁剪样版。这种以标准母版为基准兼顾各个号型，进行科学的计算、缩放，制定出系列号型样版的方法叫作规格系列推版，即服装推版，简称推版或服装放码，又称服装纸样放缩。在制定工业标准样版与推版时，规格设计中的数值分配一定要合理，要符合专业要求和标准，否则无法制定出合理的样版，也同样无法推出合理的版型。

整体推版：又称规则推版，是指将结构内容全部进行缩放，也就是每个部位都要随着号型的变化而缩放。例如，一条裤子整体推版时，所有围度、长度、口袋以及省道等都要进行相应的推版。本书所讲的推版主要是指整体推版。

局部推版：又称不规则推版，它是相对于整体推版而言的，是指某一款式在推版时只推某个或几个部位，而不进行全方位缩放的一种方法。例如，女式牛仔裤推版时，同一款式的腰围、臀围、腿围相同而只有长度不同，那么该款式就是进行了局部推版。

制版：即服装结构纸样设计，是指为制作服装而制定的各种结构样版，它包括纸样设计、标准版的绘制和系列推版设计等。

二、服装工业制版方法

服装工业制版或工业纸样是先进行服装款型的结构分析，确定成衣系列规格，依据规格尺寸绘制基本的中间标准纸样（或最大、最小的标准纸样），即打制母版，并以母版为基础按比例缩放推导出其他规格的纸样，得到系统规格样版图形。服装工业样版的设计直接影响到服装成衣的品质。

按照成衣工业生产的方式，服装工业制版的方式和流程可以分成三种：第一种情况是客户提供样品和订单；第二种情况是客户只提供订单和款式图而没有样品；第三种情况是仅有样品而无其他任何资料。另外，把设计师提供的服装设计效果图正面和背面、纸样结构图以及该服装的补充资料经过处理和归纳后，也可认定为过程中的另一种情况。

（一）客户提供样品和订单

我国服装生产企业大多是加工型企业，通常由客户提供样品和订单。客户提供样品和订单较为规范，为技术部门、生产部门、质量检验部门以及供销部门提供技术标准。这种情况对于绘制工业纸样的技术部门，必须按照以下过程实施。

1. 分析订单和样品

客户订单和样品在某种程度上反映产品的市场定位，对服装的规格设计及样版制作有直接的影响。分析客户订单一是分析产品款式设计图，即运用形式美设计方法对服装的品类、造型、款式、结构、色彩、材料等作形象表现，这是对服装总体构思的展示，服饰标样则是具体的实物样品。只有对款式进行仔细的分析和准确的把握，才能使样版的设计制作体现出款式特点。二是分析服装规格设计图。服装规格设计是人体基本尺寸与款式造型特点及年龄、职业等多种因素有机结合的产物。随着成衣工业化的飞速发展，服装产品在国际范围内的流通日趋扩大。由于不同的国家、不同的地域、不同的民族、不同的年龄与性别，人体体型特征差异较大，所以在进行服装制版之前，必须认真分析订单所针对的人群的体型特征、穿衣习惯、号型的覆盖率等因素，根据订单销售地区的人体体型特点及人群着装习惯来设计产品规格，为服装工业制版的制作提供科学的数据。三是要详细分析样品的结构分割线的位置、小部件的组成、各种里子和材料的分布、袖子和领子与前后片的配合、锁眼及钉扣的位置等。四是面料分析，即分析面料成分、花型、组织结构以及各部位使用衬的规格，根据大身面料和穿着的季节选用合适的里子，同时注意面料缩水率、热缩率及倒顺毛对格对条等。五是辅料分析，包括拉链的规格和用处，扣子、铆钉、吊牌等的合理选用，橡筋的弹性、宽窄、长短及使用的部位、缝纫线的规格等。六是工艺分析，包括裁剪工艺、缝制工艺、整烫工艺、锁眼钉扣工艺等。七是包装装箱分析，包括单色单码（一箱中的服装不仅是同一种颜色而且是同一种规格）、单色混码（同一颜色不同规格装箱）、混色混码（不同颜色不同规格装箱）、平面包装、立体包装等。

2. 分析设计图或样衣

客户提供的设计图，在进行服装工业样版制作之前要全面审视，充分理解设计图中所传达的造型、结构、装饰、配色特点及作用，认真研究服装的整体风格、局部结构和工艺特点。如果客户提供样衣，要对样衣每一个局部的形态、规格以及各部位之间的相对位置进行认真测量，从样品中充分掌握服装的结构、分割线的位置、服装各部件间的组合关系、制作工艺、小部件的组合、里料和衬料的分布、面里衬的结构配置、工艺加工方式等，以便进行"扒版"（即对样衣做仿型结构展开设计制图时参考）。在完成上述一系列技术工作之后，还需将合理的逻辑分析与创造性的形象思维有机地结合起来，综合考虑多方面的因素，这样才能使制作出的服装样版具有准确性、合理性和实用性。

3. 确定中间标准规格

在服装工业制版中，在系列规格中一般选用中间规格制作服装基础母样版，再通过此版推出上下各档样版。如果系列规格中有5个规格，则第3档作为中间规格制出母版；如果系列规格中有9个规格，则将第3档和第7档作为中间规格制出中间母版。选用中间规格制作，是因为由中间规格向两边推版，要比从一端向另一端推版所经过的距离短，在推版过程中能最大限度地减少制版形态及数据的误差。

我国服装号型标准中规定，成年女子中间体标准为：总体高160cm，胸围84cm，腰围68cm，体型特征为"A"型（即上衣160/84A、下装160/68A）。成年男子中间体标准为：总体高170cm，胸围88cm，腰围76cm，体型特征为"A"型（即上衣170/88A、下装170/76A）。根据国家服装号型标准中所规定的中间体的有关数据，结合服装的款式特点及产品定向，加放相应的松量后便可获得中间号型规格。从事外贸加工业务的企业，可以从客户提供的规格系列中筛选出有代表性的服装中间号型规格。

4. 确定制版方案

根据款式的特点和订单要求，确定服装制版是用比例法、原型法，还是立体裁剪法。比例法是根据人体结构特征及运动规律，结合测量与试验，经过数学论证产生一系列的计算公式求出服装制图中所需要的控制点，最后用各种形状的线条连接控制点构成服装制图。原型法是以人体主要控制部位的基本数据为依据，按照一定的比例计算出相关部位的数据并绘制出原型，然后根据服装的造型特点及工艺要求，对原型进行加放、分割、移位、变形、展开等加工处理，使之成为体现服装造型特征的结构制图。立体裁剪法是在模特上直接造型，操作者根据设计意图按照一定的操作步骤，将白坯布用大头针别在人体模型上面，使款式具体化。在立体裁剪的过程中，要始终考虑款式的造型特征、面料的物理性能等因素。将立体裁剪所形成的结构线用记号笔做好标记，然后将每一布片展开熨平，在纸上沿布边绘制出各衣片制图。立体裁剪所使用的白坯布，如果实际面料较厚与白坯布相差较大，要把布的厚度以及与厚薄有关的部位的松量追加到制图中去。

5.绘制中间规格的结构

绘制服装结构图是一项严谨的操作技艺，要学习和掌握好这门技艺，不但要理解制图原理，而且还要按照一定的制图规则进行实践。绘制中间规格结构图应根据中间号型规格，结合款式特点确定相应的结构形式，运用公式计算出服装相关部位的控制点，用不同形状的线条连接这些控制点构成衣片。结构图的绘制要求数据准确，横、直、斜、弧线线条画得规范，弧线连接部位要圆顺，这样绘制出的结构制图才是高质量、符合工艺要求的。绘制中间规格结构图是一项具有工程性、艺术性和技术性的工作。服装结构制图工程性是指导服装裁制和生产的主要依据，特别对批量生产来说，更对整个服装组合生产过程产生的规格、质量负有首要责任。结构制图依据各部位的结构关系定点画线和构成的衣片外形几何轮廓等，都必须非常严谨、规范和准确，达到合乎工程性的要求。服装结构制图艺术性是服装的某些部位或部件形态、轮廓的确认，并不单是以运算所得或数据推导而成，而是要凭艺术的感觉、靠形象的美感确立，全靠制图者的审美眼光和艺术修养，使之构成的形象和衣片轮廓能符合艺术性的要求。服装结构制图技术性要求制图者熟悉各类衣料的性能特点，要掌握服装缝纫的工艺技巧，要了解整件服装的流水生产全过程和各类专用机械设备的情况，要有较全面的服装缝制生产技术知识，在结构制图和衣片放缝或制作裁剪样版时能恰到好处。如能做到以上几点，制出的服装结构图不仅能有利于服装的缝制加工，还能达到造型设计所要求的预想效果。

6.产生中间规格基础样版

依照结构图的轮廓线，将所有的衣片及部件分别压印在较厚的样版纸上，在净样线的周边加放缝份或折边，绘制出毛样版。由结构制图中分离出的第一套中间规格样版称为基础样版，基础样版是制作样衣的模版。中间规格基础样版又称为"封样纸样"，客户或设计人员要对按照这份纸样缝制成的服装进行检验并提出修改意见，确保在投产前产品合格。

7.制作样衣

为了检验基础样版的准确性，需要根据基础样版进行排料、裁剪，并严格按照工艺要求制作出样衣。这一过程除了作为基础样版的检验手段之外，还将计算出面料、里料、辅料的单件用量，计算出加工过程中每一道工序的耗时量，为生产及技术管理提供有效数据。

8.修正基础版样

根据基础样版制出样衣后，对样衣进行试穿补正，依据封样意见共同分析和会诊，从中找出产生问题的原因。在进行全面的审视后，找出与设计要求或订单不相符合，或者与人体结构及运动特征不相适应的地方，进行及时修正。对于各部件间的配合方式和配合关系不够严谨的部分，以及结构形式与面料性能不适应的部分作适当的调整，进而修改中间规格的纸样，最后确定投产用的中间标准号型纸样。经过修正与调整后的基础样版称为标准样版，标准样版是推版的母版。

9.检查服装工业推版

根据中间标准号型（或最大、最小号型）纸样推导出其他规格的服装工业用纸样。在基础样版的基础上，兼顾各个规格号型系列之间的关系，通过科学的计算，正确合理地分配尺寸，经过按比例缩放，绘制出各规格号型系列的裁剪用样版。

10.检查全套样版是否齐全

在裁剪车间裁剪面料前，一定先检查全套样版是否齐全。一个品种的批量裁剪铺料少则几十层、多则上百层，而且面料可能还存在色差。如果缺少某些样版裁片就开裁面料，待裁剪结束后，再找同样颜色的面料来补裁就比较困难，因为同色而不同匹的面料往往有色差，既浪费了人力物力，效果也不好。

11.制定工艺说明书和绘制排料图

最后制定工艺说明书和绘制一定比例的排料图。服装工艺说明书是缝制应遵循和注意的必备资料，是保证生产顺利进行的必要条件，也是质量检验的标准。而排料图是裁剪车间画样、排料的技术依据，它可以控制面料的耗量，对节约面料、降低成本起着积极的指导作用。

以上步骤全面概括了服装工业制版的整个过程，这仅是广义上的服装工业制版的过程，只有不断地实践，丰富知识，积累经验，才能真正掌握其内涵。

（二）只提供订单和款式图

在服装工业制版中，如果客户没提供样品，只提供订单和款式图（或结构图），就增加了制版的难度，一般常见于比较简单的典型款式，如西服、衬衫、裙子、裤子等。要绘制出合格的纸样，不但需要积累大量的类似服装的款式和结构组成的素材，而且还应有丰富的制版经验。其主要过程为以下两个方面。

1.详细分析订单

只有订单和款式图没有样品的情况下，这就需要制版人员详细分析订单，包括订单上的简单工艺说明、款式特点、面料的使用及特性、各部位的测量方法及尺寸大小、尺寸之间的相互配合等，将订单分析得越透彻、越详细、越全面，就越会为下一步服装工业制版提供更好的技术准备。

2.详细分析订单上的款式或示意图

详细分析客户提供的订单上的款式或示意图，从示意图上了解服装款式的大致结构、里外层结构关系，结合自己以前遇到的类似款式进行比较，对于有些不合理的结构，按照常规在绘制纸样时作适当的调整和修改。

客户只提供订单和款式图，也可以参照第一种情况中讲述的11个步骤进行制版，不明之处一定向客户咨询，不断修改，最终达成共识。总之，绝对不能在有疑问的情况下就匆忙投产。

（三）仅有样品而无其他任何资料

客户仅提供样品而没有其他任何资料，这时就要对样品进行详细全面审视，充分理解设计图中所传达的造型、结构、装饰、配色特点及作用，认真研究服装的整体风格、局部结构和工艺特点。对样衣每一个局部的形态、规格以及各部位之间的相对位置进行认真测量，进行服装工业样版制作。

1.样品的结构分析及订单的制订

详细分析样品的款式及结构、款式特点及分割线的位置、褶裥的形式、抽褶的位置、部件的组成及形态、各种里子和材料的结构及分布、袖子和领子的造型及与前后衣片的组合、锁眼及钉扣的位置确定、关键部位的尺寸测量和分析、各小部件位置的确定和尺寸处理、各缝口的工艺加工方法、熨烫及包装的方法等。最后与客户共同制订合理的订单。

2.服装面料分析

对于客户提供的样品，需要进行面料分析。服装面料是指体现服装主体特征的材料，这里是指大身面料的成分、花型、组织结构等，各部位使用衬的规格，根据大身面料和穿着的季节选用合适的里子，针对特殊的要求（如透明的面料）需加与之匹配的衬里。有些保暖服装（如滑雪服）需加保暖的内衬等材料。

3. 服装辅料分析

对于客户提供的样品，还需要进行服装辅料分析。辅料分析包括里料、填料、衬垫料、缝纫线材料、扣紧材料、装饰材料、拉链、纽扣、织带、垫肩、花边、衬布、里布、衣架、吊牌、饰品嵌条、钩扣皮毛、商标、线绳、塑料配件、金属配件、包装盒袋、印标条码、铆钉及其他相关的合理选用。详细分析如拉链的规格和用处，橡筋的弹性、宽窄、长短及使用的部位，缝纫线的规格等。

对于客户仅提供样品而无其他任何资料，还可以参照第一种情况中的各个步骤进行制版、裁剪、仿制（俗称"扒版"）。对于宽松服装，做到与样品一致比较容易；对于贴体服装，反复耐心修改就能够做到与样品一致；而对于使用特殊的裁剪方法（如立体裁剪法）缝制的服装，要做到与样品形似神似，一般的裁剪方法就很难实现。

三、服装工业样版的检验

工业样版设计的合理性和科学性直接关系到穿着者的舒适程度和设计者对造型设计的正确理解。在日常生活中，我们都有这样的体会，同样一件上衣，造型款式和尺寸规格完全相同，但是由于生产的厂家不同，而穿着后的舒适感受完全不同，穿着效果也不一样，这主要取决于工业样版设计的合理性和科学性，即正确性。所以工业样版的检验是服装生产的一个重要环节，在管理上必须要有足够的重视，检验要认真、规范、全面，否则所生产的服装品质将会有问题。只有检验合格的工业样版在制成成品后才能符合"实用、美观"的原则。

（一）样版的检验

样版，简称"版"，就是为制作成衣而制定的结构版型，广义上是指为制作服装而剪裁好的结构设计纸样。样版又分为净样版和毛样版，净样版就是不包括缝份的样版，毛样版是包括缝份和其他小裁片在内的全套样版。母版是指推版所用的标准样版，是根据款式要求进行正确的、剪好的结构设计纸版，所有的推版规格都要以母版为标准进行规范放缩。不进行推版的标准版不能叫母版，只能叫样版。

1. 毛版的要求与检验

首先要根据缝制设备来设计工业样版的缝份。缝份的大小不是固定不变的，由于具体缝制设备的不同所以对服装缝份会有不同的要求，例如一般单针工业平缝机缝制服装时所需的缝份是0.7至1cm，双针工业平缝机缝制服装时所需的缝份是0.9至1.2cm，埋夹机缝制服装时所需的缝份是1.1至1.4cm等，所以要根据缝制设备的不同要求来检验毛版。

其次要检验毛版的完整性。成衣的毛版是生产所用的，也是生产过程的一个重要环节，它要求版数要完整，不可忘掉任何一个版片，否则将会影响以母版为基准的系列样版的推版。版数不完整更会影响裁床排料的合理性与正确性，结果会降低生产效率并给企业造成浪费和损失。所以要依据款式的具体要求来检验毛版的完整性，版数不全检验不得通过。

2. 版型检验

所谓版型就是服装样版整体结构的平面造型。服装的穿着效果直接与服装版型有关，好的版型成品穿后着装效果美观，人体与服装的关系适宜，穿着舒适感觉良好。而依据差的服装版型制作成的服装会使人穿着不舒适，服装的外形效果也不美观，严重影响服装品质。

检验服装版型首先需要能正确理解版型，熟知版型的基本变化规则和版型与成品服装的因果关系。在具体检验时要先了解款式图（或样衣）对造型的特别要求，然后才可以进入检验程序的工作，否则版型的检验就不具有检验依据。

3. 版型数据检验

版型数据检验就是对样版的各部位结构数据进行正确的审核，包括结构数据设计的合理性与正确性，版片对应线的对等关系等。

可以依"服装制版尺寸表"中的具体部位尺寸数值来进行实际测量检验，检验版型各部位的结构尺寸是否与"服装制版尺寸表"中的数据吻合。在检验中如果出现不吻合的现象，那么版型检验则不得通过。

4. 其他检验

除了以上的常规检验外还要注意对版型相关记号的检验，即对样版的定位标记，如刀口、锥眼以及纱向倒顺等标记都要进行检验，并要检验样版是否准确、齐全，包括做缝、折边、省道、袋位、纽位等。另外还要注意缝制设备对样版的特别要求等。

（二）系列样版的检验

1. 推版方法的检验

服装推版的方法很多，但是无论采用哪种方法都必须要符合推版的基本原理。现以上衣前片为例来进行说明，如图1-3。当确定不动点A部位后，再来画出不同部位的校正线①、②、③、④、⑤、⑥、⑦，而后任何两条临近的校正线都应是向外呈放射状（即喇叭形），如领口校正线①与领口校正线②、摆缝校正线④与袖窿交接点校正线⑥、腰节校正线⑤与摆缝校正线④、摆缝校正线④与底边校正线③、肩斜线校正线⑦与领口校正线①等。另外同一校正线上的任何两点间的距离应是同等的，如线①上gh=hi、线②上pq=qr、线③上de=ef、线④上ab=bc、线⑤上vw=wx、线⑥上mn=no、线⑦上jk=kl等。

2. 推版结果的检验

推版结果检验最直接、最简单的方法就是依"服装规格系列设置表"内的数据为准进行实际测量各个版型的具体部位。如当男式西裤系列样版检验时，就要依据该裤子的规格系列所设置的具体数据来进行检验，每个版型的具体数据都要与表格内的数值吻合，见表1-1。

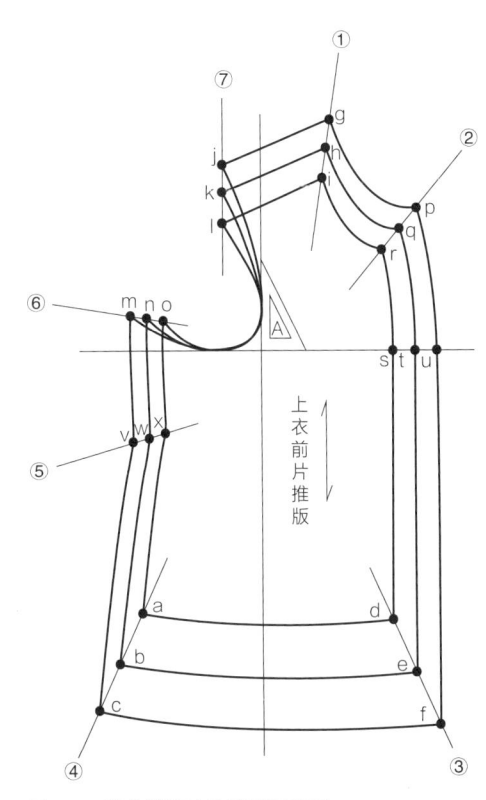

图1-3 整体推版方法检验示意图

表1-1 男式西裤规格系列设置表   单位：cm

部位尺寸	号型及档差值					档差值
	160/70	165/74	170/78	175/82	180/86	
裤长尺寸	97	99.5	102	104.5	107	2.5
腰围尺寸	72	76	80	84	88	4
臀围尺寸	101	105	109	113	117	4

续表

部位尺寸	号型及档差值					
	160/70	165/74	170/78	175/82	180/86	档差值
立档尺寸	28.4	29.2	30	30.8	31.6	0.8
脚口尺寸	22.4	23.2	24	24.8	25.6	0.8
横档尺寸	66	68	70	72	74	2
袋口尺寸	14.5	15	15.5	16	16.5	0.5

3. 版型检验相关表单格式（表1-2至表1-7）

表1-2 样版复核单 　　　　　　　　　　　　　　单位：cm

版型编号		任务单序号	
品名		规格	
大样版数		小样版数	
复核部位		复核结果记录	
长度部位			
围度部位			
领型长、宽			
袖型长、宽			
衣袖与袖窿吻合			
衣领与领口吻合			
小样版复合			
制版人		生产负责人	
复核人		日期	

表1-3 样版规格复核单 　　　　　　　　　　　　单位：cm

部位	项目			
	净尺寸	做缝量	放缩量	设计差量
后衣长				
前衣长				
袖长				
裤长				
裙长				
领脚				
腰围				
胸围				
臀围				
下摆				

续表

部位	项目			
	净尺寸	做缝量	放缩量	设计差量
袖口				
袋口				
肩宽				
制版人		生产负责人		
复核人		日期		

表1-4　接缝复核单　　　　　　　　　　　　　　　　　单位：cm

部位	项目	
	接缝长度差量	设计差量
前后侧缝		
前后肩缝		
前后袖缝		
前后裤缝		
前后裆缝		
袖山线		
袖窿线		
开刀线		

表1-5　做缝与折边复核单　　　　　　　　　　　　　　单位：cm

项目	材料			
	薄织物	中厚织物	厚织物	松疏料
劈缝				
坐缝				
来去缝				
明包缝				
暗包缝				
压缝				
弯缝				
边缝				
下摆				
袖口				
裤脚口				
裙下摆				
口袋				
开衩				

表1-6　标记复核单　　　　　　　　　　　　　　　　　　　　　　　　单位：cm

项目	内容			
	对位	定位	对丝	倒顺
刀口：凹凸点 　　　接缝处 　　　省褶				
锥眼：口袋 　　　省尖 　　　扣位				
对丝：直丝 　　　横丝 　　　斜丝 　　　倒顺				

表1-7　样版数量复核单　　　　　　　　　　　　　　　　　　　　　　单位：cm

类别	名称				
	面料	里料	贴边	配布	衬布
前衣片					
后衣片					
前裤片					
后裤片					
前裙片					
后裙片					
领子					
袖子					
门襟					
口袋布					
贴边					
过面					
前过肩					
后过肩					
带襻					

（三）封样

封样时要严格按照工艺标准进行缝制，不可随意更改工艺标准，特别要注意不得用剪刀随意修改或剪掉裁片的某部分，因为修改裁片就是修改版型，这种行为会犯严重的错误，会给企业造成一定的损失，甚至是很大的损失。例如，在封样时对裁片进行了修改后会使样衣穿着效果与原版型有所区别，很可能区别较大，而一旦样衣试穿通过，管理人员将会按原版型投产。由于封样时对裁片的修正使样衣没有出现问题，可是批量生产作业时，车工不会像封样人员一样修正裁片，那么结果就会使一批服装成品出现问题。所以说，首先，封样时要认真，不要修改裁片；其次，要填好相关的表单，做好改进要求记录；再次，要与制版人员沟通，使版型达到完整合理的改进。

（四）样衣的检验

首先，是数据的检验。从裁片到样衣的完成是一个有序的工艺作业过程，这个过程包括了裁剪工艺、机缝工艺、后道工序（洗水工艺、整烫工艺）等。样版的数据与成品的数据有时不一定吻合，这时经过检验后就需要修正样版并再次缝制样衣，直至设定的数值与成品样衣吻合为止。

其次，是品质的检验。服装品质的优劣直接关系到产品的市场竞争力，没有好的品质就不具有生存力。现在的人们对服装品质要求越来越高，所以对样衣品质的检验一定要专业、认真。

（五）封样相关表单参考

1. 首件封样单（表1-8）

表1-8 首件封样单

封样单位		品名		号型	
要货单位		内/外销合约			
存在问题			改进要求		
封样人		验收人		备注	
封样日期		验收日期			

2. 首件样衣鉴定表（表1-9）

表1-9 首件样衣鉴定表

品名			合约号		款号	
规格（cm）	衣长		胸围		袖长	
	领围		肩宽			
	裤长		臀围			
缝纫与整理						
评语						
检验人员						

第二节 服装制版前的准备

工业样版的设计实际上是服装结构设计的继续和提高，又是服装结构设计的实际应用。但工业制版又不同于单纯的服装结构设计，工业样版有着其自身的特有要求，它首先要符合成衣的工艺要求，其次还必须要正确设计使净样版转换成毛样版，还要考虑整个流水工艺对服装样版造型的影响。这些要求的难度要远大于单纯的结构图设计。服装制版前需进行以下三个方面的准备。

一、制版前的技术准备

服装工业制版前需对产品的订单或工艺文件、产品的技术标准、缝制工艺与操作规程、原辅材料的质地与性能、款式效果图、实物或结构图纸（平面款式图）、相应的规格尺寸等，进行收集、研读、分析与理解,这是做好工业制版的关键性工作。以下从技术文件的准备、技术的准备两方面进行列举。

(一)技术文件的准备

专业技术文件是服装企业不可缺少的技术性核心资料,它直接影响着企业的整体运作效率和产品的优劣。科学地制定技术文件是企业最重要的内容之一。成衣企业生产工艺方面的主要技术文件包括生产总体计划、制造通知单、生产通知单、封样单、工艺单、样品版单、工序流程设置单、工价单、工艺卡等。以下对服装封样单、服装制造通知单进行详细介绍。

1.服装封样单

服装封样单是针对具体服装款式制作的详细书面工艺要求,服装封样单中的尺寸表内容也是制版的直接依据。服装封样单主要内容包括尺寸表(具体尺寸要求)、相关日期、制单者、款式设计者、制版者、产品名、款式略图、缝制要求、面料小样、工艺说明、用布量等。(表1-10、表1-11)

表1-10 服装封样单

款号		封样号		设计		制作		封样	
尺寸表									
XL									
L									
M									
S									
XS									
款式略图					面料小样				
特别要求					工艺说明				
用布量			制单日期			完成日期			
制单			审核			复核			

表1-11 服装新款封样单

品名		设计		设计日期		新款款式图
新品编号		制版		制版日期		
审核		封样		封样交货日期		
备注						
尺寸表						
设计要求						
制作说明						

2.服装制造通知单

服装制造通知单又称制造通知书,它是针对为生产某服装款式的一种书面形式要求。它具有订货单的技术要求功能和服装生产指导作用。服装制造通知单有国内的也有国外的,但无论哪种都是根据制造服装的要求而拟订的,其内容主要包括品牌、单位、数量、尺寸要求、合同编号、工艺要求、面辅料要求、制作说明、交货日期、制表人员、制表日期、包装要求等。请参阅下面服装制造通知单。(表1-12、表1-13)

表1-12 服装制造通知单(1)

制单编号_____

合同编号_____

品名						客户/牌子			
洗水						款名			
数量						款号			
部位			尺寸表		备注				
号型									车线
腰围									
臀围									
内长									吊牌
前裆									
后裆									袋布
大腿围(裆下cm)									
膝围(裆下cm)									
拉链									
脚口阔									
折脚/反脚									
腰头长									
裤襻(长×宽)									
后袋(长×宽)									
制作说明			款式简图						
交货期	制单		核封			物料			用旧样
备注	日期		日期			日期			做新样

表1-13　服装制造通知单（2）

地址_____　　发单日期_____

电话_____　　制单号码_____

客户订单号码_____　　客户型号_____工厂样本号码_____

货品名称：　　预定装船日期：　　　　数量_____打

制造说明	尺寸							
	尺寸配比							
	规　格							
	腰　围							
	臀　围							
	前　档							
	大腿围							
	膝　围							
	脚　口							
	后贴袋							
	拉　链							
	总　计							
主辅料明细		1.			2.			
大身布								
口袋布								
吊牌		包装方法	3.			4.		
副标								
帆布								
罗纹			5.			6.		
缝线								
纽扣								
拉链		其他说明			备注			

服装因各自选用面料的不同，缩量存在差异，对成品规格将产生重大影响，因此在绘制裁剪纸样和工艺纸样时必须考虑缩量，通常的缩量是指缩水率和热缩率。（表1-14）

表1-14 测试布料水洗缩率一览表

测试日期		品名		水洗工艺		
制表		审核		审批		

（二）技术的准备

1. 了解产品技术标准的重要性

了解产品技术标准也是制版的重要技术依据，如产品的号型、公差规定、纱向规定、拼接规定等。这些技术标准的规定和要求均不同程度地要反映在样版上，因此在制版前必须熟知并掌握有关技术标准中的相关技术规定。

2. 熟悉服装规格公差

服装规格公差是指某一款式同一部位相邻规格之差。GB/T 1335 1991《服装号型》国家标准对服装各部位规格公差都有说明。但是，服装规格公差并不是固定不变的，应根据实际情况分别处理，确保推版过程顺利进行。（表1-15、表1-16）

表1-15 男女童装公差参考表　　　　　　　　　　　　　　　单位：cm

部位	公差	测量方法
衣长	±1	前身肩缝最高点垂直量至底边
胸围	±1.6	摊平，沿前身袖隆底线横量乘2
领大	±0.6	领子摊平，立领量上口，其他领量下口
袖长	±0.7	由袖子最高点量至袖口边中间
总肩宽	±0.7	由袖肩缝交叉点摊平横量
裤长	±1	由腰上口沿侧缝摊平量至裤口
腰围	±1.4	沿腰宽中间横量乘2，松紧裤腰横量乘2
臀围	±1.8	由立档2/3处（不含腰头）分别横量前后裤片

表1-16 部分服装规格公差表　　　　　　　　　　　　　　　单位：cm

| 部位 | 品种 | | | | | |
	男女单服	衬衫	男女毛呢上衣、大衣	男女毛呢裤子	夹克衫	连衣裙套装
衣长	±1	±1	±1 大衣 ±1.5		±1	±1

续表

部位	品种					
	男女单服	衬衫	男女毛呢上衣、大衣	男女毛呢裤子	夹克衫	连衣裙套装
胸围	±2	±2	±2		±2	±1.5
领大	±0.7	±0.6	±0.6		±0.7	±0.6
肩宽	±0.8	±0.8	±0.6		±0.8	±0.8
长袖长	±0.8 连肩袖±1.2	连肩袖±1.2 圆袖±0.8	连肩袖±1.2 圆袖±0.7		±0.8 连肩袖±1.2	±0.8 连肩袖±1
短袖长		±0.6				
裤长	±1.5			±1.5		
腰围	±1			±1		±1
臀围	±2			±2		±1.5
裙长						±1
连衣裙长						±2

3.了解产品工艺要求

产品工艺与制版有着直接的关系。这是因为在具体的生产过程中，不同的工艺或使用不同的生产设备等都对版的数据有着不同的要求。工艺有缲边、卷边、露边等，生产设备有埋夹机、双针机、多线拷边机、多功能特种机等，这些内容技术人员都应该充分了解。

4.了解主辅料的性能

在制版前需要了解主辅料的性能特点，如材料的成分、质地、缩水、耐温等情况，这样在制版时可以做出相应的调整。

5.分析效果图、服装图片或服装实物样品

在制版前需充分分析效果图、服装图片或服装实物样品，了解服装款式的大致结构，分析分割线的位置、小部件的组成、袖子和领子与前后片的配合等。

二、材料与工具的准备

在服装工业制版中，虽然没有对制版工具作严格的规定，但制版人员必须有熟练掌握使用工具的能力。常用的工具有以下几种。

纸：制版所用的纸张不能太薄，一般要求平整、光洁、伸缩性小、不易变形。常用的样版纸有软样版纸（如牛皮纸等）、硬样版纸（主要是有一定厚度的纸）。工艺样版由于使用频繁且兼作胎具、模具，所以更要求耐磨、结实，需用坚韧的版纸。

米尺：需备有机玻璃和木制的长约100cm的尺。

三角尺：需备30至40cm的三角尺一副，一般用于画垂直线和校正垂直线，也可以用来画短线。

曲线尺：需备有大小规格不同的整套曲线尺和变形尺，用来画曲线和弧线，特别是画袖窿弧线和画裤子浪线（前后片的裆弧线）等。（图1-4）

量角器：一般用来测量或绘制各种角度。

擂盘：又称齿轮刀、点线器，可复层擂印、画线定位或做版的折线用。

锥子：用来扎眼儿定位、做标记所用。

剪刀：用作裁剪样版等。（图1-5）

钻子：打孔定位用。

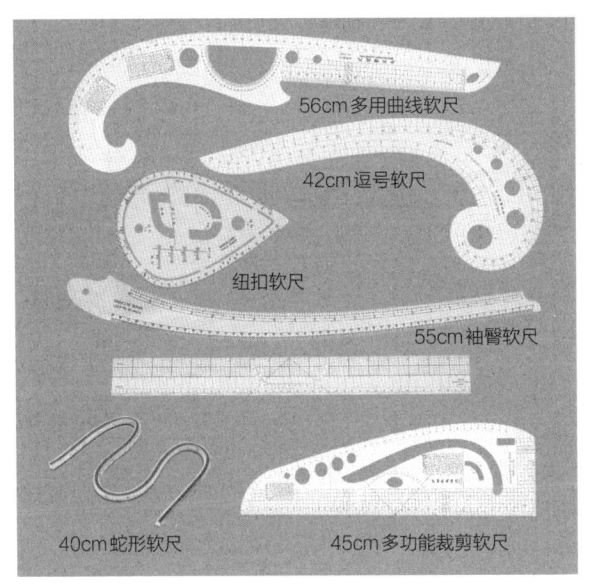

图1-4 工具尺

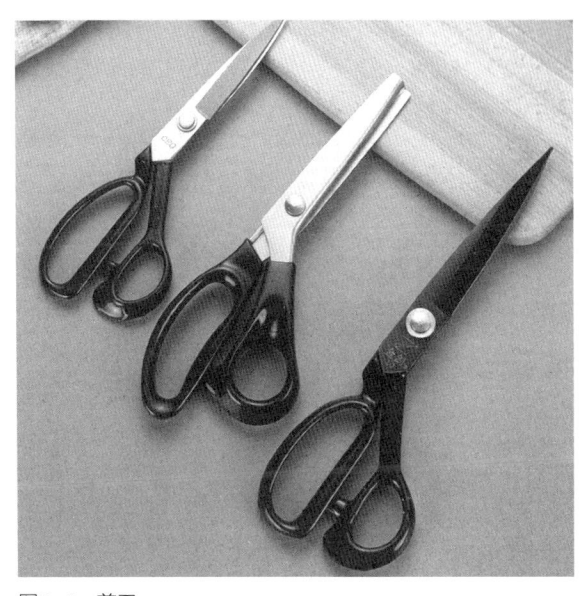

图1-5 剪刀

细砂布或水砂纸：用来修版边、打磨版型，也可用作小模版。

号码章：为样版编号所用。

样版边章：是用于经复核定型后的样版在其周边加盖的一种专用图章，以示该版已被审核完毕。

除此之外，还应备有画笔、橡皮、分规、订书机、夹子、胶带等。根据织物组织紧密、疏松、是否富有弹性等情况在工业制版时作相应的反映。

三、工业制版与面料性能

在成衣生产过程中，服装加工的工业纸样基本上是使用纸版来制作系列纸样的，但纸版与面料、里子、衬和其他辅料在性能上有很大的不同。其中，最重要的一个因素是缩量。各种不同的服装面料其缩量的差异很大，对成品规格将产生较大影响，而且制版用的纸版本身也存在自然的潮湿和风干回缩问题。

（一）缩水率

织物的缩水率主要取决于纤维的特性、织物的组织结构、织物的厚度、织物的后整理和缩水的方法等，经纱方向的缩水率通常比纬纱方向的缩水率大。

下面介绍毛织物在静态浸水时缩水率的测定。

调湿和测量的温度为20℃±2℃，湿度为65%±3%，试样的大小裁取1.2m长的全幅织物，将试样平放在工作平台上，在经向上至少做3对标记，纬向上至少做5对标记，每对标记要相应均匀分布，以使测量值能代表整块试样。操作步骤如下：

步骤一：将试样在标准大气压中平铺调湿至少24小时。

步骤二：调湿后的试样无张力地平放在测量工作台上，在距离标记约1cm处压上4kg重的金属压尺，然后测量每对标记间的距离，精确到1mm。

步骤三：称取试样的重量。

步骤四：将试样以自然状态散开，浸入温度20至30℃的水中1小时，水中加1g/L烷基聚氧乙烯醚，使试样充分浸没于水中。

步骤五：取出试样，放入离心脱水机内脱干，小心展开试样，置于室内，晾放在直径为6至8cm的圆杆上，织物经向与圆杆近似垂直，标记部位不得放在圆杆上。

步骤六：晾干后试样移入标准大气压中调湿。

步骤七：称取试样重量，织物浸水前调湿重量和浸水晾干调湿后的重量差异在2%以内，然后按步骤二再次测量。

试样尺寸的缩水率：

$$S=(L1-L2)/L1 \times 100\%$$

式中：S——经向或纬向尺寸变化率（%）；

L1——浸水前经向或纬向标记间的平均长度（mm）；

L2——浸水后经向或纬向标记间的平均长度（mm）。

当S>0时，表示织物收缩；当S<0时，表示试样伸长。

$$L1=L2/(1-S)$$

如果用啥味呢的面料缝制裤子，而裤子的成品规格裤长是100cm，经向的缩水率是3%，那么制版纸样的裤长：

$$L=100/(1-3\%)=100/0.97=103.1（cm）$$

其他织物，如缝制牛仔服装的织物，试样的量取类似毛织物的方法，而牛仔面料的水洗方法很多，如石磨洗、漂洗等，试样的缩水率根据实际的水洗方法来确定，但绘制纸版尺寸的计算公式还是采用上面的公式。

（二）热缩率

织物的热缩率与缩水率类似，主要取决于纤维的特性、织物的密度、织物的后整理和熨烫的温度等。在多数情况下，经纱方向的热缩率比纬纱方向的热缩率大。

下面介绍毛织物在干热熨烫条件下热缩率的测试。

试验条件在标准大气压下，温度为20℃±2℃，相对湿度为65%±3%，对织物进行调试时，试样不得小于20cm长的全幅，在试样的中央和旁边部位（至少离开布边10cm）画出70mm×70mm的两个正方形，然后用与试样色泽相异的细线，在正方形的四个角上做标记，试验步骤如下：

步骤一：将试样在试验用标准大气压下平铺调湿至少24h，纯合纤产品至少调湿8h。

步骤二：将调湿后的试样无张力地平放在工作台上，依此测量经、纬向分别对标记间的距离，精确到0.5mm，并分别计算出每块试样的经、纬向的平均距离。

步骤三：首先将温度计放入带槽石棉板内，压上熨斗或其他相应的装置加热到180℃以上，然后降温到180℃时，最后将试样平放在毛毯上，再压上电熨斗，保持15s后移开试样。

步骤四：按步骤一和步骤二要求重新调湿，测量和计算经、纬向平均距离。试样尺寸的热缩率：

$$R=(L1-L2)/L1 \times 100\%$$

式中：R——试样经、纬向的尺寸变化率（%）；

L1——试样熨烫前标记间的平均距离（mm）；

L2——试样熨烫后标记间的平均长度（mm）。

当R>0时，表示织物收缩；当R<0，表示试样伸长。

$$L1=L2/(1-R)$$

如果用精纺呢绒的面料缝制西服上衣，而成品规格的衣长是74cm，经向的缩水率是2%，那么设计的纸样衣长（L）为：

$$L=74/(1-2\%)=74/0.98=75.5（cm）$$

但通常的情况是面料上要粘有纺衬或无纺衬，这时不仅要考虑面料的热缩率，还要考虑衬的热缩率，在保证它们能有很好的服用性能的基础上黏合在一起后，计算它们共有的热缩率，从而确定适当的制版纸样尺寸。

至于其他面料，尤其是化纤面料一定要注意熨烫的合适温度，防止面料出现焦化等现象。影响服装成品规格还有其他因素，如缝缩率等，这与织物的质地、缝纫线的性质、缝制时上下线的张力、压脚的压力以及人为的因素有关，在可能的情况下，纸样可作适当处理。

（三）服装主要辅料分析与确认

1. 里料

里料用于制作服装夹里的材料，品种有绸里、绒里和皮里等，其成分有纯棉织物、化纤织物等。

2. 衬料

衬料是服装造型的骨骼，能使服装挺括、饱满、平服、美观。衬料在服装行业中俗称衬头，其成分有全棉衬、涤棉树脂衬、黑炭衬（毛麻棉织物）、马尾衬等。其结构分有纺衬和无纺衬两种，有纺衬又可分为梭织和针织两种。其中有一种叫黏合衬，就是在梭织针织和无纺衬料的基布上涂、浇或撒上黏合剂，加热以后与服装需要部位相结合。"以黏代缝"是缝纫工艺的一项改革，是发展服装工艺的一项新技术。

3. 填充料

填充料为放在面料和里料之间起保暖作用的材料，根据填充料的形态可以分为絮类和材类两种。絮类：无固定形状，为松散的填充料，成衣时必须附加里子（有的还要加衬胆），并经过机纳或手绗。主要的品种有棉花、丝绵、驼毛和羽绒。材类：用合成纤维或其他合成材料加工制成平面状的保暖性填料，品种有氯纶、涤纶、腈纶定型棉、中空棉和泡沫塑料等。它的优点是厚薄均匀，成衣加工容易，比较挺括，不易霉烂，不会虫蛀，便于洗涤。

4. 纽扣类

纽扣、拉链、尼龙搭扣等在服装组合中均起吻合作用，是服装主要辅料，在艺术上起装饰作用，在结构上具有一定的实用价值。纽扣的材料有金属扣和非金属扣两大类。金属扣有铁扣、铜扣、银扣和不锈钢扣等，非金属扣有竹木扣、骨角扣、皮革扣、塑料扣、布结扣和玻璃扣等。

拉链按产品结构和使用方式可分为闭口型、开口型和双头开口型三种。闭口型拉链后端固定，只能在前端处拉开，主要用于口袋门里襟和衣裙开衩处等。开口型拉链一端装插座，可以吻合和启开，主要用于夹克衫、羽绒服等胸前门襟。双头开口型拉链有两个拉链头，上下分别可以拉开或闭合，用于衣身较长的羽绒服、特殊工作服和连衣裤等。

5. 线和带

线和带是服装组合的媒介，服装成型离不开线和带的作用。线和带有时也用在装饰上。（图1-6）

缝纫线：缝纫线是连接衣片、辅料和配件的线材。按其成分可分为棉线、丝线、涤纶线、涤棉线等。按缝纫方式可分为手工线和机用缝线等。

装饰线：在服装制作时起美观装饰作用的线材，主要有金银线和绣花线等。

特种线：根据工艺要求，有时既是缝纫需要，又是装饰需要的线，如牛仔服的用线，时装、外套采用的对比色粗缉线等。

带类：常用的有丝带、织带、松紧带、绳类等，既是实用需要，又起装饰作用。

6. 辅料主要测试项目

里料：主要测试伸缩水率、色牢度、耐热度。

衬料：测试缩水率及黏合牢度。

填充料：测试重量、厚度，羽绒服需要测试含绒量、蓬松度、透明度、耗氧指数等指标。

纽扣类：测试色牢度、耐热度。对金属配件还要测试防锈能力。

拉链：测试轻滑度、平拉强度、折拉强度、褪色牢度、码带缩率及使用寿命等。

线带类：对缝纫线要测试强牢度及色牢度、缩率等。对带类辅料也需测试缩率、色牢度等。

关于上述辅料测试的技术指标，由于辅料生产涉及面比较广，所以测试时可参照辅料生产厂的技术标准或同类产品的国家标准进行。

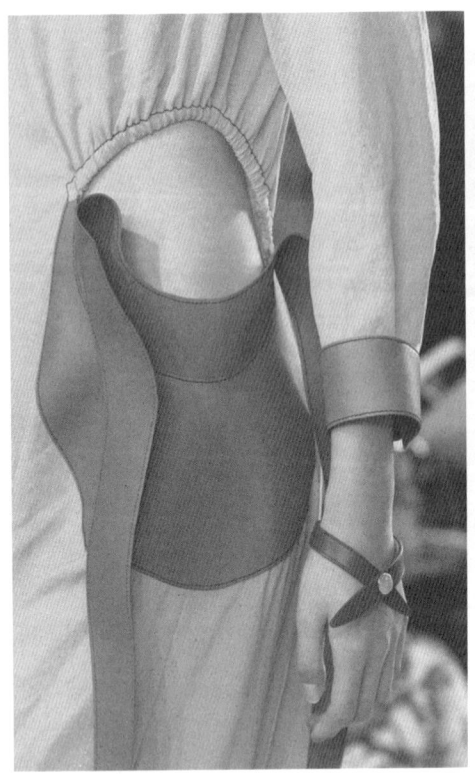

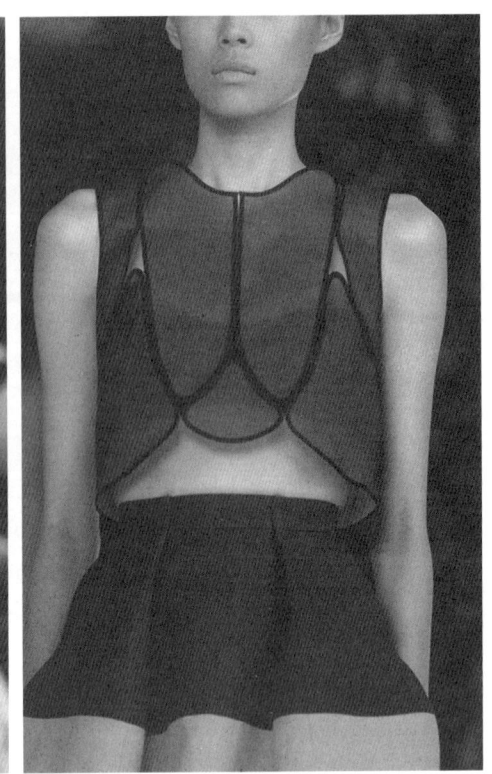

图1-6 线、带类装饰

注意事项包括：成品缩水率测试——缩水前后的长度比较；使用黏合衬服装剥离强度测试方法；使用黏合衬服装硬挺度测试方法；使用黏合衬服装耐水洗测试方法；使用黏合衬服装耐干洗测试方法。

7.测试报告

测试完毕必须认真如实地填写测试报告。报告一式五份，技术科、质监（质检）科、供应科、材料仓库和测试者自留各一份。测试的目的是为生产技术工作提供科学必要的数据。没有拿到测试报告，技术科不准盲目制作样版和编写工艺文件。原辅材料仓库依据原辅材料的检验报告和测试报告，将材料做成小样交技术科长确认。只有在技术科长确认后仓库才能发料投产。

第三节 服装工业制版程序

服装工业化生产通常都是批量生产，从经济角度考虑，厂家自然希望用最少的规格覆盖最多的人体。但是，规格过少意味着抹杀群体的差异性，因而要设置较多数量的规格，制成规格表。需要指出的是：规格表当中的大部分规格都是归纳过的，是针对群体而设的，并不能很理想地适合单个个体，只能一定程度地符合个体。在服装生产过程中，每个规格的衣片要靠一套标准样版来作为裁剪的依据。这些成系列的标准样版就是工业裁剪样版。

一、服装结构图设计

结构设计是将服装造型设计的立体效果分解展开成平面的服装衣片结构图的设计，是以绘制服装裁剪图的形式反映出来。它既要实现造型设计的意图，又要弥补造型设计的某些不足，是将造型设计的构思变为实物成品的主要过程。

服装结构图设计就是通过对服装造型设计图稿的认真观察、理解，将立体造型效果图分解、展开成平面的衣片轮廓图，并标注出各衣片相互之间的组合关系、组合部位以及各类附件的组装位置，使各衣片之间能准确地组装缝合。

掌握结构设计是工业制版的前提和必需。如果不懂得服装结构设计的原理和方法，那么在学推版时就会出现很多基础性的问题，实际上也学不好推版。所以说，结构设计是推版的基础，而推版是结构设计的继续。要首先学好结构设计基础，精通结构变化的原理，而后再学服装推版技术，一切就水到渠成了。

二、加放毛版

结构设计一般多是净样版设计，当结构设计完成后就形成了服装的净样版，但是净样版在所需的整体尺寸工艺上是不符合实际制作工艺要求的，为了完整的工艺要求需要在净样版的基础上将之转绘成毛样版。

做缝：又叫缝份、缝头。它是净样版的周边另加的放缝，是缝合时所需的缝去的量分。根据缝头的大小，样版的毛样线与净样线保持平行，即遵循平行加放。对于不同质地的服装材料，缝份的加放量要进行相应的调整。对于配里的服装，里布的放缝方法与面布的放缝方法基本相同，在围度方向上里布的放缝要大于面布，一般大0.2至0.3cm，长度方向上在净样的基础上放缝1cm即可，参见表1-17。

表1-17　常见折边放缝量参考表　　　　　单位：cm

部位	不同服装折边放缝量
底摆	毛料上衣4cm，一般上衣2.5至3.5cm，衬衫2至2.5cm，大衣5cm
袖口	一般同底摆量相同
裤口	一般3至4cm
裙下摆	一般3至4cm
口袋	明贴袋口无袋盖3.5cm，有袋盖1.5cm；小袋口无袋盖2.5cm，有袋盖1.5cm；插袋2cm
开衩	西装上衣背衩4cm，大衣4至6cm，袖衩2至2.5cm，裙子、旗袍2至3.5cm
开口	装纽扣或装拉链一般为1.5至2cm
门襟	3.5至5.5cm

折边：服装的边缘部位一般多采用折边来进行工艺处理，如上衣（连衣裙、风衣等）的下摆、袖口、门襟、裤脚口等部位，各有不同的放缝量。折边部位款式不同，缝份的加放量变化较大。

放余量：衣片除所需加放的缝份外，在某些部位还需多加放一些余量，以备放大或加肥时用。

缩水率和热缩率：缩水率就是服装材料通过水洗测试，测出布料经纬向的缩水的百分比，如某布料经向缩水率为3%，则对衣长76cm的衣片应加长76cm×3%=2.28cm。部分纺织品缩水率参见表1-18。热缩率是材料遇热后的收缩百分比。很多服装材料经过热黏合、熨烫等工艺之后都会出现一定比例的收缩，所以在制版时也一定要考虑热缩率的问题。

表1-18 部分纺织品缩水率参考表（%）

品名	缩水率 经向	缩水率 纬向	品名	缩水率 经向	缩水率 纬向
平纹棉布	3	3	人造哔叽	8至10	2
花平布	3.5	3	棉/维混纺	2.5	2
斜纹布	4	2	涤/腈混纺	1	1
府绸	4	1	棉/丙纶混纺	3	3
涤棉	2	2	泡泡纱	4	9
哔叽	3至4	2	制服呢	1.5至2	0.5
毛华达呢	1.2	0.5	海军呢	1.5至2	0.5
劳动布	10	8	大衣呢	2至3	0.5
混纺华达呢	1.5	0.7	毛凡尔丁	2	1
灯芯绒	3至6	2	毛哔叽	1.2	0.5
人造棉	8至10	2	人造丝	8至10	2

三、服装工业推版

服装工业推版是服装工业制版的一部分，它是以中间规格标准纸样（或基本纸样）作为基准，兼顾各个规格或号型系列之间的关系，通过科学的计算，正确合理地分配尺寸，绘制出各规格或号型系列的裁剪用纸样的方法。在服装生产企业中推版也称放码、推档或扩号。

采用推版技术不但能很好地把握各规格或号型系列变化的规律，使款型结构一致，而且有利于提高制版的速度和质量，使生产和质量管理更科学、更规范、更容易控制。推版是一项技术性、实践性很强的工作，是计算和经验的结合。在工作中要求细致、合理，在质量上要求绘图和制版都准确无误。

通常，同一种款式的服装有几个规格，这些规格都可以通过制版的方式实现，但单独绘制每一个规格的纸样将造成服装结构的不一致，如牛仔裤前弯袋的这条曲线，如果不借助于其他工具，曲线的造型或多或少会有差异。另外，在绘制过程中，由于要反复计算，出错的概率将大大增加。然而，采用推版技术缩放出的几个规格就不易出现差错，因为号型系列推版是以标准纸样为基准，兼顾了各个规格或号型系列关系，通过科学的计算而绘制出系列裁剪纸样，这种方法可保证系列规格纸样的相似性、比例性和准确性。

四、样版标记

样版由净样版放成毛样版后，为了确保原样版的准确性（不使毛版的确定而改变原样结构），为了在推版、排料、画样、剪裁以及缝制时部件与部件的结合等整个工艺过程中保持不走样、不变样，这就需要在毛版上做出各种标记，以便在各个环节中起到标位作用。

可以使用剪刀、刀眼钳等工具进行打刀眼标记。刀眼方向要垂直于净缝线，深度一般为0.5cm左右。刀眼的作用有以下四种。

（一）确认大小

确定缝份、折边的大小，特殊的缝份需要做刀眼。

（二）定位

确定省位、褶位、袋位和拉链止口处等。

（三）对位

对位位置和数量是根据服装缝制工艺要求确定的，一般设置在相缝合的两个衣片的对位点，如绱袖对位点、绱领对位点、绱腰对位点等。对于一些较长的衣缝，也要分段设对位刀眼，避免在缝制中因拉伸而错位。另外，对有缝缩和归拔处理的缝份，要在缝缩的区间内根据缩量的大小分别在两个缝合边上打刀眼。

（四）钻眼

钻眼用于衣片，中央无法用刀眼来标注的部位，如口袋位、省道位等部位。钻眼的具体位置有挖袋钻（在嵌线的中央，两端推进0.5至1cm处）、省道钻（在省中线上，从省尖推进1至2cm处）等。

同时，样版标记不同于裁片标记。样版是排料、划样及裁剪的依据，要求标记准确，刀眼、钻眼较大，利于划样。而裁片标记是缝制工艺的依据，刀眼深度应窄于缝份宽度，以免缝合后钻眼外露。

五、样版文字标注

样版标注必须清晰、准确。样版制作完整，应按要求进行认真的自检与复核，如型与效果图或样衣是否一致、规格尺寸是否到位、缩率有无加放、样版的数量是否齐全、结构是否校对好（领下口线与领口线、袖山弧线与袖窿弧线等）、刀眼是否对齐等。每块样版应在其一端打直径为10至15mm的圆孔，便于穿孔吊挂。样版按不同型号区分开吊挂，区分好面、里、衬等，并各自集中串联在一起，便于管理。

样版制成后还要附以必要的文字说明，以便使用时不会出现混乱（大中号分不清、老版新版分不清、改动前后分不清等），影响生产效率，同时也为了给样版的归档管理工作以规范的必要。

（一）文字标注内容

文字标注内容包括：产品名称和有关编号；产品号型规格；样版部件名称（需标明各部件具体名称）；不对称的样版的左右、上下、正反等部位；丝缕的经向标志；袋口垫布、襻带等的相关片数；对折的部位；利用衣料光边的部件要标明边位。

（二）标字要求

标字常用的外文字母和阿拉伯数字应尽量用单字图章拼盖，其他的相关文字要清楚地书写。标字符号要准确无误。

（三）样版复核

虽然样版在放缝之前已经进行了检查，但为了保证样版准确无误，做完整套样版之后，仍然需要进行复核，复核的内容包括：审查样版是否符合款式特征；检查规格尺寸是否符合要求；检查整套样版是否齐全，包括面料、里料、衬料等样版；检查修正样版和定位样版等是否齐全；检查各部位是否匹配与圆顺；检查文字标注是否正确，包括衣片名称、纱向、片数、刀口等。

（四）样版整理

当完成样版的制作后，还需要认真检查、复核，避免欠缺和误差。每一片样版要在适当的位置打一个直径约1.5cm的圆孔，这样便于串连和吊挂。样版应按品种、款号和号型规格分面、里、衬等归类加以整理。如有条件，样版最好实行专人、专柜、专账、专号归档管理。

思考题

1. 工业样版的种类有哪些?
2. 面料性能对于工业制版有何影响?

实训题

1. 讲解工业制版的相关基础知识及流程。
2. 模拟客户提供样品及订单,制版流程有哪些步骤?

第二章

人体与服装规格系列

重要知识点： 1. 人体与服装规格的关系。

2. 服装号型与规格系列的概念、关系和配置。

教 学 目 标： 1. 使学生了解人体的体型特征。

2. 使学生了解人体测量的方法与部位。

3. 使学生了解服装号型的概念及号型应用。

4. 使学生了解服装号型与服装规格的关系。

5. 使学生熟悉服装标准的分类。

6. 使学生掌握服装分类与规格系列。

教 学 准 备： 准备皮尺等测量工具，阅读服装号型（男、女、童）和其他相关的国家标准，并能在学习中应用。

人体各部位的围度与长度尺寸各不相同，由此导致服装结构与规格也因人而异。服装规格系列的基础是需要在人体测量的数值上产生的，其数值也是服装号型系列设置的基本条件。掌握好人体与服装测量的相关知识，是进行服装规格系列、服装号型系列设置的必要内容。只有各种物品、设施的大小和形状与身体尺寸相匹配，人们才能真正享受到科学技术的发展带来的人性化关怀。而作为与人体接触最紧密的服装，人体数据显得更为重要。要想使服装产品最大限度地满足人们在健康、安全和舒适上的需求，就必须在产品设计时充分考虑人们的心理和生理特性。其中最基本的就是人体尺寸数据，设计生产时充分考虑用户群人体尺寸数据，是服装企业在竞争中立于不败之地的基本保障。

第一节　人体与服装的测量

人体是服装造型的依据，服装各部位与人体相应位置的具体尺寸关系，对于服装的合体要求来说是至关重要的。人体测量是正确掌握人体体型的必要手段之一，也是进行服装结构设计、制作成衣规格的必要前提之一。国标（GB）服装号型标准也是在大量的人体测量数据的基础上科学制定的，熟练地进行人体测量是服装设计者应具备的能力。我国在20世纪80年代进行过第一次全国范围内的成年人尺寸调查工作。当时测量的项目包括腰围、胸围、臀围、肩宽、腿肚围、身高等共80个项目。然后，我国颁布《中国成年人人体尺寸》国家标准，此标准是在全国范围内抽样调查了2万多名成年人而制定的。这个标准在我国工业、建筑、交通运输等各行业得到了广泛的应用，为国家经济的发展做出了贡献。

一、人体尺寸测量

人体尺寸是一个国家生产的基本技术依据，涉及衣食住行的方方面面。什么形状的头盔、口罩最适合中国人，多高的课桌椅最适合中小学生，这些最常见的产品都需要相关的人体尺寸作为设计生产的依据。有了这些数据和相关标准，就会有适合不同年龄段的尺寸标准。人们行走或运动时，服装产品也要考虑到人的身高和胖瘦，才能确保活动的舒适度。因此，这些数据往往是企业设计和生产产品时重要的信息之一，也是企业自主创新的基本技术依据。

（一）人体基础知识

人体可分为头部、上肢、下肢、躯干四部分。上肢包括肩、上臂、肘、前臂、腕、手。下肢包括髋、大腿、膝、小腿、踝、脚。躯干包括颈、胸、腹、背。人体是服装的支架，是展现服装魅力的根本，因此在研究服装的结构和设计之前，必须了解有关人体造型方面的知识。只有熟悉了人体的造型和运动变化，设计师在设计过程中才能做到有的放矢。

从人体工程学的角度看，服装不仅要求符合人体造型的需要，而且还要符合人体运动规律的需要。评价服装的优劣是要在人体上进行检验，服装既是人的第二皮肤又是人体的包装，合理且优质的服装应该舒适、合体，便于肢体活动，应给人在工作、娱乐、生活上提供便利。服装在穿着上应在使人感到舒适、得体的同时具有美观的效果，凸显人体的美感并增强身体的韵律感，使得人体与服装真正地统一为一体。当然，要做到以上方面除了需要具备服装与人体的专业知识

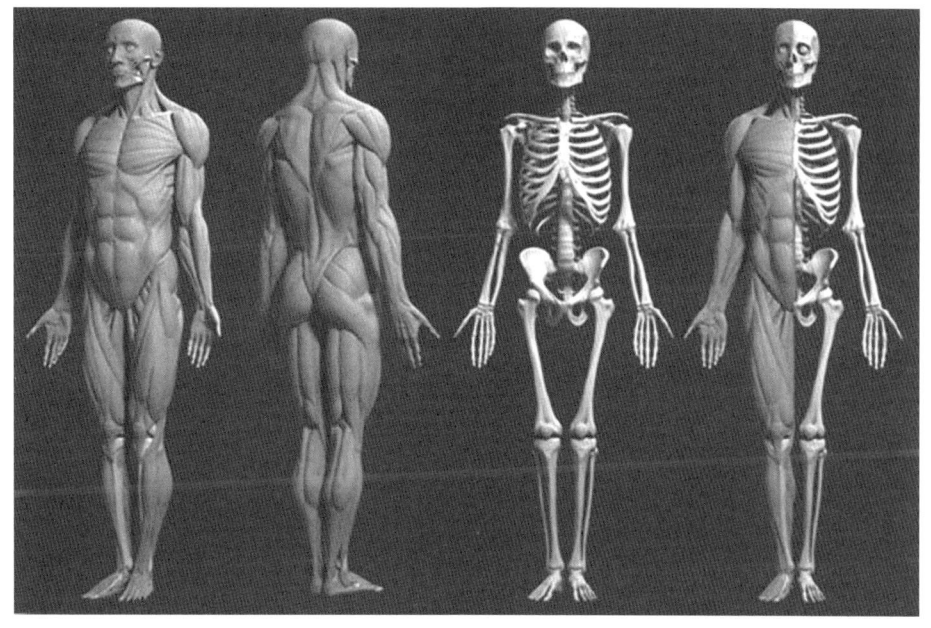

图2-1 人体肌肉、骨骼图

外,还要能够灵活地将知识运用到服装设计、生产的实践当中。

人体由206块骨骼组成（图2-1），在这个骨骼外面附着600多条肌肉（图2-2），在肌肉外面包着一层皮肤。骨骼是人体的支架，各骨骼之间又由关节连接起来，构成了人体的支架，起着保护体内重要器官的作用，又能在肌肉伸缩时起杠杆作用。人体的肌肉组织复杂，纵横交错，既有重叠部分，又种类不一，形状各异，分布于全身。有的肌肉丰满隆起，有的肌肉则依骨且薄，分布面积也有大有小，体表形状和动态也各不相同。

（二）人体测量方法

只有充分了解人体的体型结构，了解被测者的性别、年龄、体型、性格、职业、爱好及习惯，且熟悉跟服装有关的人体部位，才能做到测量准确。在进行人体测量时，长度测量一般随人体起伏，通过所需经过的基准点而进行测量。测量尺寸时，应在内衣上进行，测量的尺寸为净尺寸。一般来说，男性服装要求较松弛，易活动；女性服装要求较紧凑、合体；老年人服装要求较宽松、舒适。

对于人体测量，如果每个人都用各自的计测方法随意测量，数据的可利用度会很低。因此，必须在解剖学、人体工学等内容的基础上，针对测量基准点、测量项目、测量器具的使用和测量手法等方面制定共通的标准。人体测量的要求与注意事项如下。

1. 测量时的姿势

人体的基本测量数据是以静立状态下的计测值为准，要求被测者做到自然站立，脚后跟并

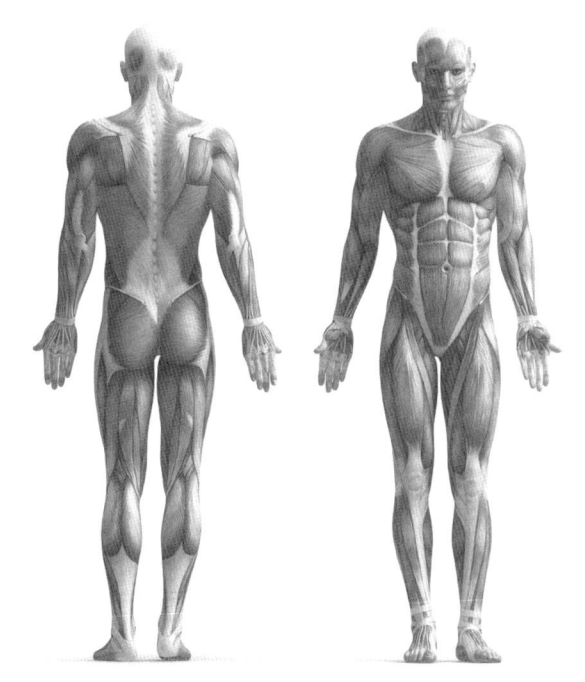

图2-2 人体肌肉图

拢；头部保持水平；背自然伸展不抬肩；手臂自然下垂，手心向内。（图2-3）

2.测量时的着装

根据计测值的使用目的选择不同的着装状态。如果为了获得人体的基本数据，通常选择裸体测量；如果用于外衣类的计测，可以选择穿内衣（文胸、内裤或紧身衣）测量。

3.测量注意事项

测量过程中应仔细观察被测者的体型，并做好记录。对于特殊体型，如挺胸、驼背、溜肩、凸腹等，应测量特殊部位，以便制图时做相应调整。在测量围度时，要找准外凸与凹陷的部位，围量一周，注意测量时软尺保持水平，一般以放颈围1根手指，不要将软尺围得过松或过紧。测体时一般从前到后、由左向右、自上而下按顺序、按部位依次进行，以免漏测或重复测量。

（三）人体测量的部位

由于人体体表是柔软的，同时又非静止不动，所以在测量过程中，要想完全排除误差十分困难。因此，为了获得准确的测量值，需要在人体体表标注计测基准点和计测基准线后，再进行测量。

1.人体测量基准点

人体测量基准点如图2-4所示，对各基准点的定义如下。

① 头顶点：头部保持水平时头部中央最高点。

② 眉间点：两眉正中间隆起部且向前最突出的点。

③ 颈后点（BNP）：第七颈椎的最突出处。

④ 颈肩点（SNP）：颈侧面根部，斜方肌的前缘与肩的交点。

⑤ 颈前点（FNP）：左右锁骨的上沿与前中心线的交点。

⑥ 肩端点（SP）：手臂与肩的交点。

⑦ 腋前点：手臂与躯干在腋前交接产生的皱褶点。

⑧ 腋后点：手臂与躯干在腋后交接产生的皱褶点。

⑨ 胸高点（BP）：乳房的最高点。

⑩ 肘点：上肢弯曲时肘关节向外最突出点。

⑪ 手腕点：手腕部后外侧最突出点。

⑫ 臀突点：臀部最突出点。

⑬ 髌骨下点：髌骨下端点。

2.人体测量基准线

人体测量基准线如图2-5所示，人体测量项目及测量方法如下。

① 胸围：沿BP水平围量一周。

② 腰围：沿腰部最细处围量一周。

③ 中臀围：沿腰围与臀围的中间位置水平围量一周。

④ 臀围：沿臀部最丰满处水平围量一周。

⑤ 腰臀长：从腰围线量至臀围线的长度。

⑥ 背长：从BNP量至腰围线的长度。

⑦ 臂长：从SP量至手腕点的长度。

图2-3 人体测量姿势

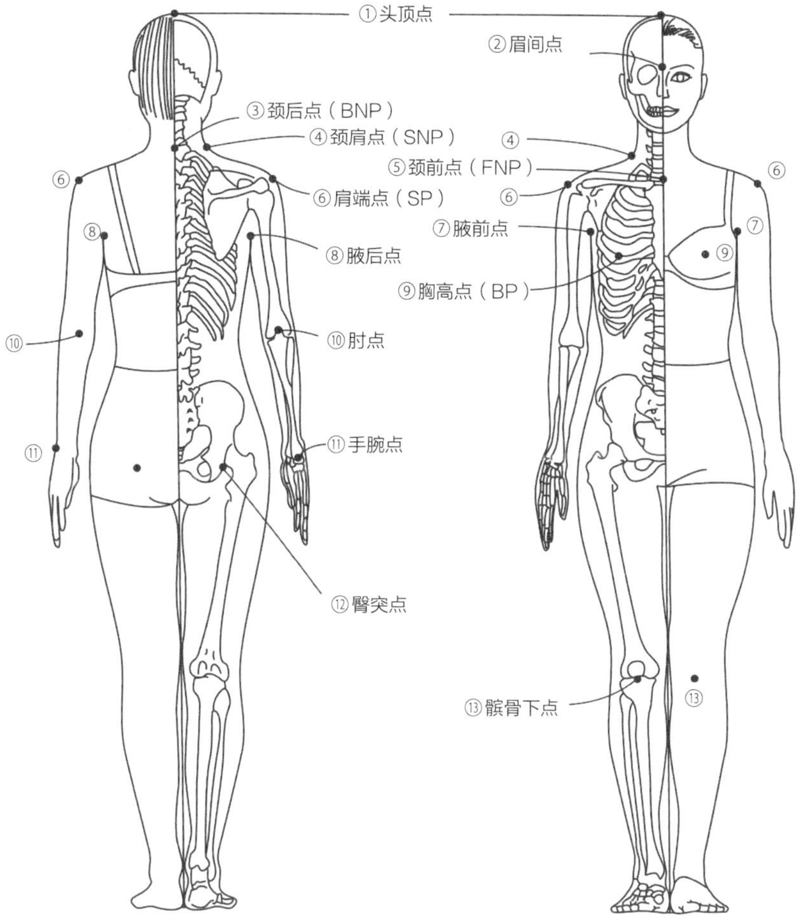

①头顶点
②眉间点
③颈后点（BNP）
④颈肩点（SNP）
⑤颈前点（FNP）
⑥肩端点（SP）
⑦腋前点
⑧腋后点
⑨胸高点（BP）
⑩肘点
⑪手腕点
⑫臀突点
⑬髌骨下点

图2-4 人体测量基准点

⑧ 手腕围：沿手腕点围量一周。

⑨ 头围：沿眉间点通过后脑最突出处围量一周。

⑩ 上裆长：从腰围线量至大腿根部的长度。

⑪ 下裆长：从大腿根部量至地面的长度。

⑫ 肩宽：从左SP开始经过BNP量至右SP的长度。

（四）人体体型与形态基础知识

从形态上看，服装与人体有着直接关系的是人体的外形，即体型。人的基本体型是由四大部分组成，即前面讲到的头部、躯干、上肢、下肢。从造型的角度看，人体是由三个相对固定的腔体（头腔、胸腔和腹腔）和一条弯曲的、有一定运动范围的脊柱以及四条运动灵活的肢体所组成。其中脊柱上的颈椎和腰椎部分的运动，对人体的动态有决定性的影响，四肢的运动方向和运动范围对衣物的造型也起着重要的作用。人体外形的自然起伏和形状变化有其自身规律，这就是人体的凸起、凹进部位及形体特征，都是由人体内部结构组织变化而表现出来的。

1. 体型分类

由于每个人的体质发育情况各不相同，在体型上就出现了高矮、胖瘦之分。还由于发育的进度不同、健康的状况不同、工作关系与生活习惯的不同等，形成了挺胸、驼背、平肩、溜肩、大肚、大臀、腰粗、腰细等不同的体型。其中人体比例是从多角度衡量身材好坏的窗口之一，对人的形象起着至关重要的作用。亚洲人的身材比例不及欧美人体比例匀称。在进行服装设计时，必须要考虑以上人体的特点并加以科学的修饰。人体体型的分类大致如下。

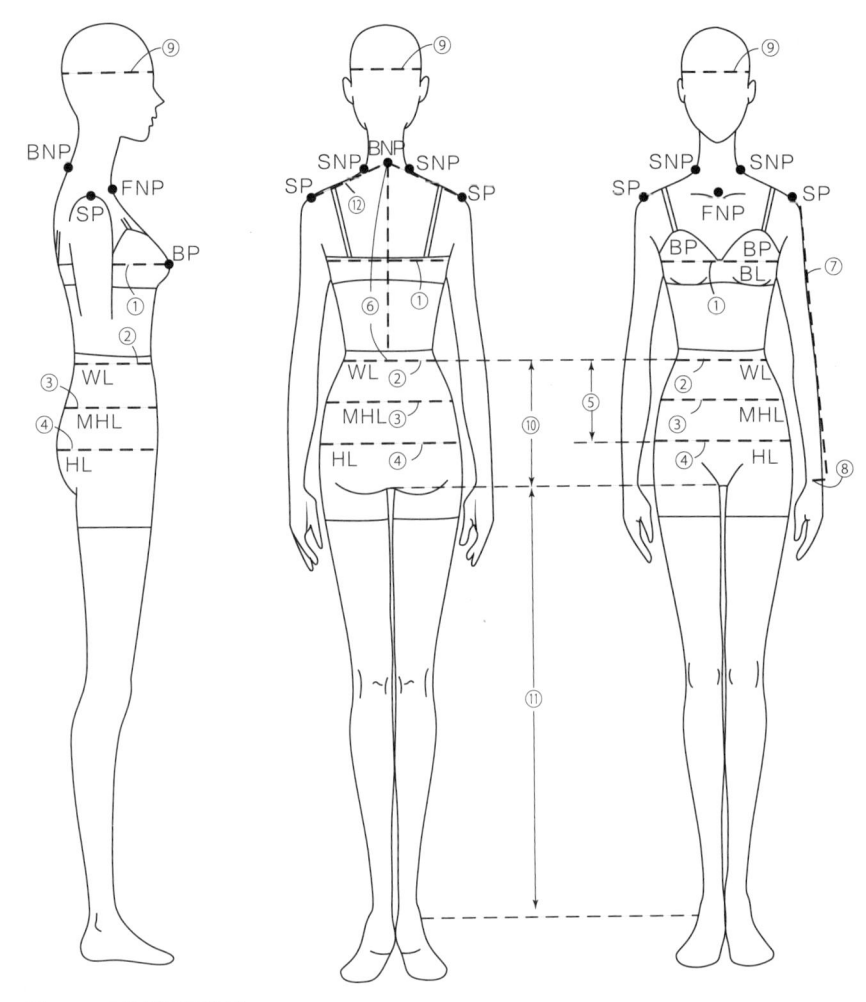

图2-5 人体测量基准线

理想型：全身发育优秀，比例较标准，人体高度理想，整体高度与围度比例非常协调，人体造型视觉效果优美。一般的时装表演模特儿多是理想型的体型。（图2-6）

标准型：全身发育良好，整个体型比例优美、标准。

正常型：全身发育正常，高度和围度与其他部位的比例均衡，无特别之处。

挺胸型：胸部发育丰满且挺，胸宽背窄，头部呈后仰状态。

驼背型：背部突出，背圆而宽，胸部较窄，头部向前，上体呈弓字形。

肥胖型：身体圆厚，腹部异常发达，高于胸部。

瘦体型：身体消瘦单薄，腰围较小，全身骨骼突出，肌肉和脂肪较少。

平肩型：肩端平，肩斜度较小，基本上呈水平状。

溜肩型：两肩肩端过低，基本上呈"八"字型。

高低肩型：指双肩的高度不一样的体型。

O型腿型：亦称罗圈腿体型，即两腿膝盖向外弯，呈"O"字型。

X型腿型：双腿造型特征与罗圈腿正好相反的体型。

短颈型：在整个人体的比例中，脖子比例偏短的体型。

大腹型：臀部平而腹部向前凸出的体型。

短腿型：在整个人体的比例中，腿部比例偏短的体型。

2.人体形态及特征

图2-6　理想型体型　　　　　　　　　　　　　　　图2-7　不同国家与地区的人体比例

在服装结构设计中，制版师时刻要与人体各部位尺寸打交道，因此掌握人体比例及各部位尺寸关系是非常必要的。服装结构设计中的人体比例与服装款式设计效果图中的人体比例不同。效果图中人体比例一般采用8头身甚至9头身，它们是被夸张和美化的比例，身高在180cm的女体才能接近这个比例。服装模特的身高比例接近8头身比例，但实际生活中这种身高的女性较少见。服装结构设计中的人体比例是实际人体比例。对于不同的国家和地区，人体比例也不同。（图2-7）我国成年女性身高按国家标准号型统计，在160至165cm的超过60%。身高与头长的比例一般在6.8至7.2之间（头身比=身高/头全高）。

从微观角度观察人体形态，每个人都不一样。而服装用人体的研究，只需从宏观角度去思考和分类。根据人体活动的需要，服装与人体间有一定的松量，除特殊用途的服装外，一般都不会紧包人体，这就提供了忽略人体细微差异的可能。同时服装本身又有美化和修正人体的功能，即服装的尺寸和造型并非完全按照实际人体形态来设计和制作。

从另一个方面来分析，服装在人体上有许多位置是与人体紧密接触的。例如：肩部是承受服装重量的主要部位，则肩部为受力点或受力面；这样的部位还有胸高点、肩胛骨凸点、小腹凸点、两侧胯最宽处、臀凸点等，都是女体曲线的凸出部位，一般情况下都是与服装接触的。虽然服装有一定的松量，但这些松量都分布在以上各凸点以外的其他位置。也就是说，即使很宽松的服装穿在人体上，人体的肩部、胸部、肩胛骨等部位仍然是与服装接触的，小腹凸点、臀凸点视具体服装的松量、造型与服装接触的可能，但在一般情况下也是接触的。这些接触部位称为服装的支撑点。从以上分析中可以得知，服装是由人体的肩部支撑重量，由胸高点、肩胛骨凸点、小腹凸点、臀凸点及两侧胯骨凸点来支撑服装的立体造型。人体体型特征中与服装有关系的重要部位是受力点和支撑点。

3.女性人体形态分析

第一，女性人体正面形态分析。人体在三围尺寸相同的情况下，其厚度与宽度的比例关系可分为两种：一种是圆体，即身体较厚、宽度相对较窄；另一种是扁体，即身体较薄、宽度相对较宽。在三围相同的情况下，无论是圆体还是扁体，从正面观察，人体两侧由腋下胸围线至腰围

线再至臀围线处，这一段人体形状的曲率都是接近的。（图2-8）

将图2-8中的b点与h点连成一条直线，w点距此直线的垂直距离对于三围尺寸相同的人来说都是接近的。对于三围尺寸不同的同种体型（同种体型指的是服装号型中的Y、A、B、C四种体型分类）的这个尺寸也是接近的。对于160/84A型人体来说，w点距直线bh的垂直距离为3至3.5cm，对于其他号型的A型体这个尺寸也是3至3.5cm。

人体两侧的曲率与人体是圆体还是扁体没有直接关系，而与人体的胸围、腰围、臀围三者的差有主要关系，即人体两侧的曲率与人体体型分类有关，由胸围、腰围、臀围三者的差所决定。根据人体两侧曲率的性质，可以把它应用于服装制版。在三围确定的情况下，服装原型样版前、后片的侧缝收省量，形成立体人体两侧曲率的平面展开状态。样版侧缝省量的多少由人体两侧的曲率决定。当体型变化调整版型时，应调整原型样版的前、后公主线位置，而不应调整侧缝位置（公主线：从肩部往下延的偏中间线条）。

第二，女性人体侧面形态分析。常见女体侧面体型主要有标准体、驼背体和挺胸体三种类型。（图2-9）标准体是个相对概念，从服装结构设计与制版的角度来看，是比较理想的体型，可作为研究标准人体原型的依据。

标准体侧面体型特征：前身胸高点与小腹凸点在一条垂线上，后身肩胛骨凸点与臀凸点在一条垂线上，第七颈椎点距肩胛骨凸点垂线的垂直距离为4至5cm，手臂位于人体侧面的前后位置适中。

驼背体侧面体型特征：前身胸高点与小腹凸点不在一条垂线上，胸高点在小腹凸点垂线内1至2cm。后身肩胛骨凸点垂线在臀凸点外1至

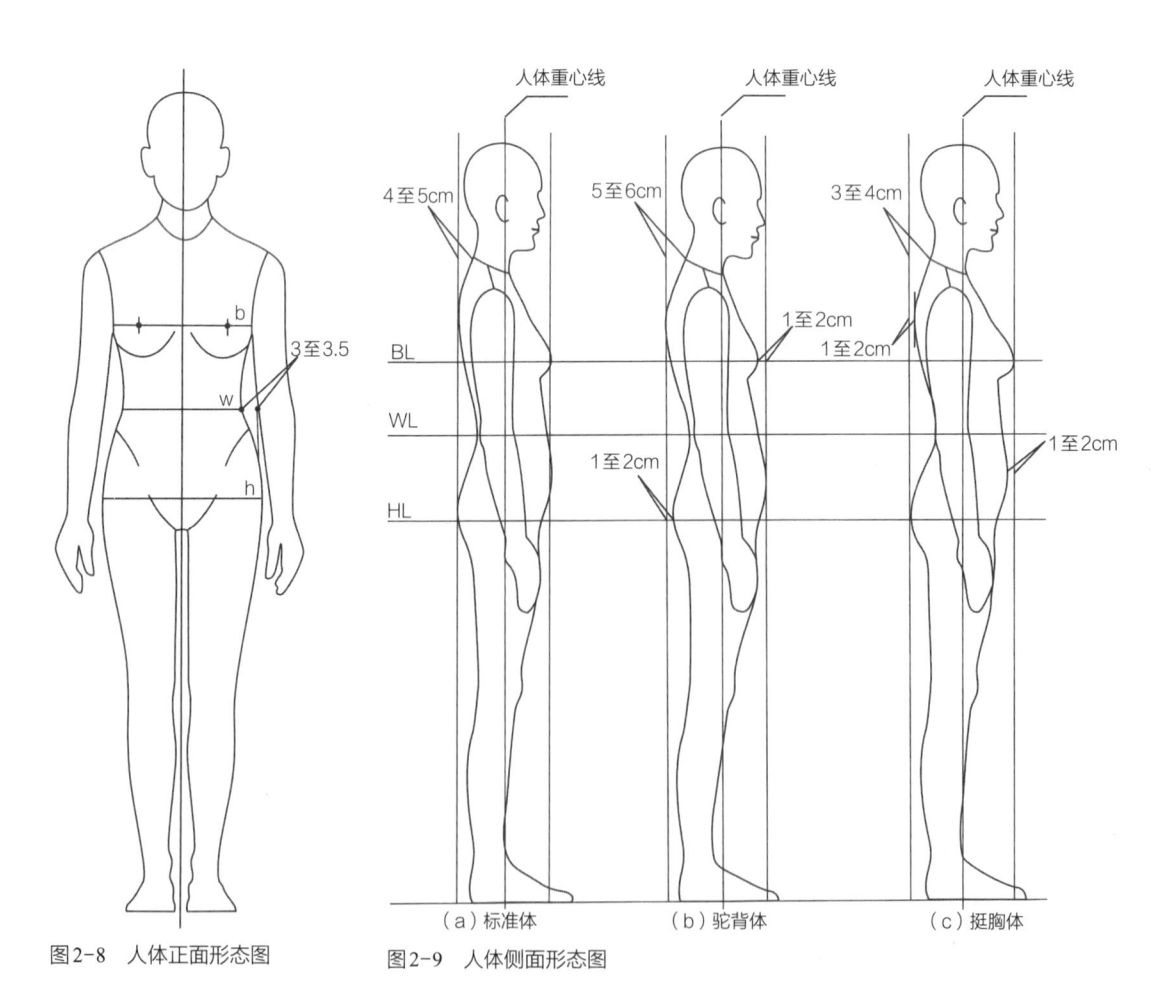

图2-8 人体正面形态图

图2-9 人体侧面形态图

2cm。颈部较标准体稍前倾，第七颈椎点距肩胛骨凸点垂线的垂直距离为5至6cm。此种体型一般胸部不太丰满，稍含胸，前胸宽稍窄，后背宽稍宽，后背比标准体后背稍长。

挺胸体侧面体型特征：前身胸高点垂线在小腹凸点外1至2cm，后身肩胛骨凸点在臀凸点垂线内1至2cm。后背较平，颈部较标准体稍后倾，第七颈椎点距肩胛骨凸点垂线的垂直距离为3至4cm。此种体型一般胸部较丰满，胸前挺，后翘臀，手臂较标准体相对位置偏后，前胸宽较宽，后背宽稍窄，后背比标准体后背稍短。本节主要分析与上衣有关的人体位置和因素，通过对以上三种有代表性体型特征的分析和比较，可了解体型位置差异的关系，对服装原型设计有重要意义。

4. 男女体型差异

男女两性在造型上最本质的区别是体型差别。从外部形态上看，男女两性最明显的差异是生殖器官，这被称为第一性差，第一性差以外的差异被称为第二性差。从服装专业的角度一般所说的性差都是指第二性差。

男女人体由于长宽比例上的差异，形成了各自不同的特点。男性体型与女性体型的差别主要体现在躯干部，特别明显的是男女乳房造型的差别。女性胸部隆起，使外形起伏较大，曲线较多，男性胸部则较为平坦。

从两性差异上看，男性肩宽臀窄，女性肩窄臀宽。男性胸部宽阔、躯干厚实，显得腰部以上发达；女性臀部宽阔、大腿丰满，显得腰部以下发达。男性脂肪多半集中于腹部，女性脂肪多半集中于臀部和大腿。男性身体重心位置相比女性的高。（图2-10）

从宽度来看，男性两肩端连线长于两侧大转子连线，而女性的两侧大转子连线长于两肩端连线。从长度来看，男性由于胸部体积大，显得腰部以上发达；而女性由于臀部宽阔，显得腰部以下发达。从两肩端连线至腰节线、大转子连线所形成的两个梯形来看，男性呈上大下小的倒梯形状，而女性则呈上小下大的正常梯形状。男性的腰节线较低，而女性的腰节线较高。女体臀部的造型向后凸出较大，男性的臀部则凸出较小。（图2-11）女性的臀部特别丰满、圆润且有下坠感，臀围明显大于胸围（婚后成年人）；男性的臀部明显小于胸肩部，臀部没有下坠感。此外，男性与女性虽然全身长度的标准比例相同，但他们各自的躯干与下肢相比，女性的躯干部较长，腿部较短（但由于女性的腰节线较高、臀部大，故穿的裤子比男性要长），而男性的腿部却较长。

另外从体格上看，男性身强力壮，体格魁梧，身高较女性高5至10cm，体重也比女性重5至15kg。男、女骨骼上的区别，除男的粗壮、女的纤细以外，骨盆比骨骼的任何其他部分更足以

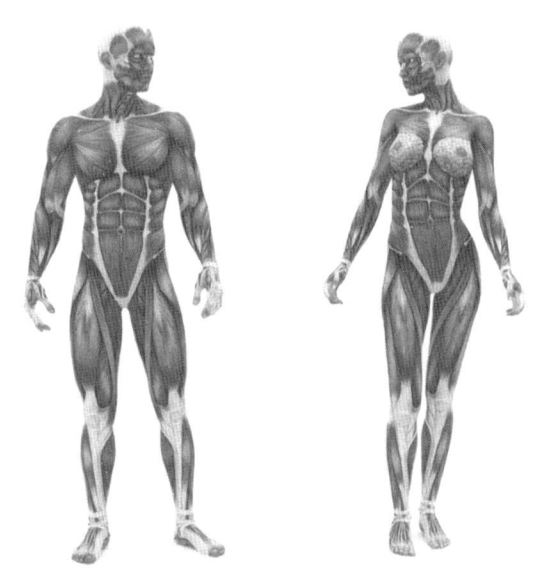

图2-10 男女人体比较

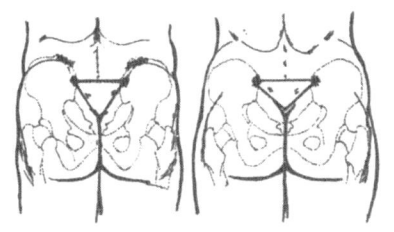

| 男子臀部造型 | 女子臀部造型 | 男、女臀部比较 |

图2-11 男女臀部造型的比较

说明男女两性的特征。总的来讲，女性骨盆比男性的宽而浅，因而造成女性臀部较为宽大的特点。骨盆的倾斜度大于男性，这也是女性特征的另一方面。

从皮肤来讲，男性比女性的稍厚，而且体毛多、肤色重。男性喉头隆起明显，女性则几乎不见喉头。男性的脐位也比女性的略低。从姿势上看，女性体略向前倾，男性体则比较挺直。男性腰节线较低，女性较高。用会阴高或身高减坐高表示腿长：同身高，女性腿长大于男性；但由于腿身比与身高正相关，身高越大，腿身比也越大。因此，男性的腿身比平均值、马氏躯干腿长指数平均值略大于女性，男性的腿身比极端者略多于女性。{马氏躯干腿长指数=[（身高－坐高）/坐高]×100，它是探讨腿身比最可靠和最具有参照价值的量化指标，为研究腿身比奠定了基础。}

决定体型的因素除了骨骼和肌肉外，还有皮下脂肪的沉淀度，这也是决定体型和衣服形态的主要因素之一。所谓皮下脂肪是指在皮肤的最下层，连接肌肉（或骨头）和真皮的疏松结缔组织内沉着的脂肪。脂肪沉着较多的部位有乳房、臀部、腹部、大腿部。沉着较少的部位有关节上、头皮下、肋骨附近。男性的肌肉发达，脂肪沉着度低于女性，因此体表曲线直而方。据有关组织调查，男性体重约42%为肌肉，约18%为脂肪；女性则约36%为肌肉，约28%为脂肪，因此女性体型要比男性体型线条圆润、柔美。

二、服装放松量规律

人体的活动将引起有关部位表面的长度变化，因此，设计服装时就必须在该部位加上应有的放松度，否则就会限制和阻碍人体的正常运动。任何形式的服装，其最小围度除它的实用和造型效果要求之外，不能小于人体各部位的实际围度、基本松度和运动度之和。实际围度是指净尺寸，基本松度是为考虑构成人体组织弹性及呼吸所需的基本量而设置的松度，运动度是为有利于人体的正常活动而设置的量。人体活动时，无论哪个部位表面的最大伸长量，将决定该部位服装放松度的最小限量。

（一）影响放松量、空隙量的因素

放松量和空隙量是决定服装整体造型、局部造型、人体活动和穿着舒适的重要指标。但它们受到影响因素很多，而且这些因素又相互影响制约，很难用一个公式来计算和表示。在服装设计时只能依据这些因素去综合考虑，去人为地设计，经大量的服装设计实践活动不断去完善，才能使服装设计进入更完美的境界。

1.服装的整体造型和局部造型

服装整体造型主要取决于胸、腰、臀三围的差，按三围的差值变化其服装造型可以分为A、H、T、X等，而每一种造型又因其差值大小而具有不同程度的夸张造型。服装的造型表现就是靠服装设计师设计各部位的放松量。服装局部造型的改变，主要依据服装设计师在相关部位确定空隙量并通过服装结构轮廓线来划定的。（图2-12）

2.人体的结构

以人体胸、腰、臀的三围确定的放松量，基本上能确定服装的造型和舒适量。但由于人体结

图2-12 服装的局部造型

构的不规则性，使各部位的人体与服装间的空隙量是不均等的，在服装放松量的确定上会因人的某一部位生长不标准而产生失误。像胸高而肥胖的人，因胸高而导致胸围偏大，按正常人体的相同服装放松量去设计，就使服装在其胸部相邻的肩胛、腋下、乳下等部位的空隙量过大，影响服装造型效果。由此应适当考虑设计比正常人体的放松量要小，再以其他结构处理方法进行配合设计（做胸省）。遇到腹部肥硕并腹围大于臀围的老年人，不应只考虑在人体臀围基础上正常地加放松量，应参考腹围进行修正放松量。

人体的高矮也影响放松量，同样的服装款式，高个子的人其各个部位的放松量可以大一些，这是人们视觉上长与宽比例分配协调的原因，而圆胖的人则反之。

3.面料的性质

面料的性质主要是指外观、手感上的物理指标，即面料的厚薄、弹性、松紧、柔软、悬垂、重量、表面黏附力和变形等。面料的外观和手感等物理指标又受到组成面料纤维的种类、织物组织、织物密度、纱线的粗细等因素的影响。面料的性质直接影响放松量和空隙量，当面料厚、无弹性、硬并垂度差时，服装的放松量应略小；夏季、柔软面料垂度好、轻薄，表面黏附力又大，并考虑人体通风舒适可以考虑服装放松量略大；面料的弹性好，易在外力作用下变形，可以考虑服装放松量略小。

4.穿衣的习惯

人们的穿衣习惯也影响服装放松量的确定。穿衣习惯的养成主要来源于生活习性、社会阅历、人生喜好、运动、性格、工作、性别等。男性较女性喜欢宽松、舒适，女性注意造型，男式服装的放松量应略大于女式服装的放松量。老年人喜欢舒适而不太追求人体形态，而年轻人则更关心服装修饰人体的造型，所以老年人合体服装的放松量可以略大，而年轻人合体服装的放松量应略小。反之老年人的宽松式服装的放松量应设计略小，年轻人宽松式服装的放松量应设计略大。儿童、幼儿喜好运动，服装的放松量应大一些。

5.服装的功能

服装如果是工作服，则放松量应考虑加大，并根据工作需要加大某一特殊部位的放松量，如舞台表演应根据实际剧情和演出动作需求设计各个部位的放松量；礼服、制服的放松量应小于休闲装的放松量。除此之外，冬季穿的棉衣、大衣的放松量应适当加大。

6.人体局部运动规律

人体局部的运动规律也是确定服装放松量和空隙量的重要依据。人体经常向前运动，则背宽的放松量应大于胸宽，后袖山处的放松量应大于前袖山；人体的步幅大小决定裙下摆的放松量；当立领的领片宽度增加，为保证人体颈部运动范围，领部围度的放松量也应增加。

综上所述，服装的放松量、空隙量、放松度是衡量服装与人体间相对关系的物理量，三者定义不同，但作用是相同的。服装的放松量是衡量服装与人体关系的总差量，它在人体与服装各个相关部位的分布是非均匀的。服装的空隙量是衡量服装与人体关系的局部差量，它在人体与服装的各个相关部位是一个变值，而在某一部位才是定量。放松度是放松量在某一部位的相对值。影响三者的因素众多，并相互影响制约，在服装设计中应根据其影响进行综合分析并科学地予以设计。

（二）总放松量

通过分析影响放松量的主要因素，研究各影响因素所需余量的参考范围，可知服装的总放松量应为上述各余量之和，并依据服装的设计目的，调节各量值，使之适于具体的穿着需要。总放松量受到上述诸多因素的影响，在服装的整体设计中通常难以准确地把握与确定。

选择和设计总放松量是与服装的种类密切相关的。在通常情况下，总放松量由所有余量之和构成，但对于有某些特殊要求的服装，则应有所取舍，以达到最佳效果。在表2-1中提供了日常装中胸围总放松量的参考值。

表2-1　日常装中胸围总放松量的参考值　　　　　　　　单位：cm

贴身	紧身	合体	放松	宽松
2至3	4至6	7至14	15至20	＞20

腰围的放松量通常是多种多样不受限制的，但对于紧身与合体的造型，经研究显示，其腰围的放松量一般与胸围放松量呈线性关系，具体的计算方法可参考表2-2所给出的比例关系进行推算。

表2-2　腰围放松量的设计方法

类型	腰围放松量与胸围放松量的关系
紧身型	腰围放松量为1至1.5倍胸围量放松量
合体型	腰围放松量为1.3至2.2倍胸围量放松量
宽松型	腰围放松量可根据款式灵活地设计

通常放松量越小，越不便于活动。因此，表2-2中最小的放松量一般只在严谨的礼服或织物富有弹性时才能采用。而对于宽松轻便的休闲装、运动装等，其放松量则可根据流行灵活地调整，以充分满足休闲舒适的生活方式。

（三）放松量的分配原则

当总放松量确定后，将其科学合理地分配到服装结构之中，同样会对服装的舒适性及其外观造型产生很大影响。在日常装中，放松量分配的方式是与服装整体的宽松程度以及服装的造型密切相关的。以下分析并归纳了放松量分配的技巧和一般原则。

1.紧身与合体的服装

对于紧身与合体的服装造型，其胸围放松量在服装结构中的分配方式可参照图2-13提供的分配原则进行分配，即前胸宽的放松量占总放松量的30%，后背宽的放松量占总放松量的40%，袖窿部分的放松量占总放松量的30%。该图中所标注的分配量是相对于泛胸围总放松量的百分数。

这种分配方式的合理性在于放松量能较均匀地分布在胸宽、背宽及袖窿处，而且后背宽的分配量大于前胸宽的分配原则，使服装便于手臂的向前、上举以及身体向前的运动，尤其是在服装较为紧身的情况下。同时这种分布方式的优点还在于将放松量较多地分布在侧缝附近，可使放松

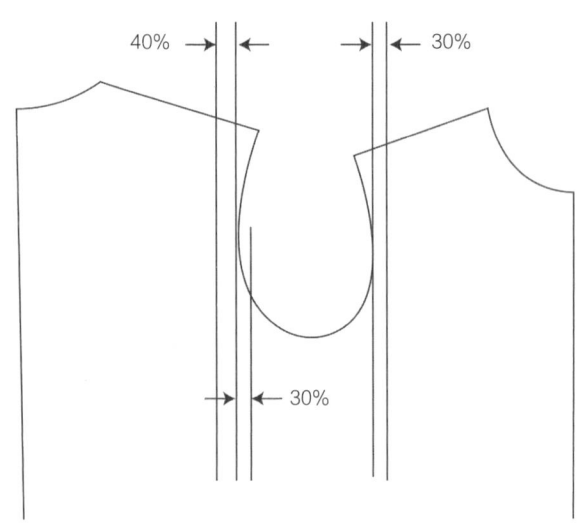

图2-13　紧身与合体服装放松量的分配原则

后的服装在前、后中心部位仍能保持较为平整美观的外观造型。

2.宽松的服装

对于宽松的服装，由于服装与人体间的空隙增大，其放松量的设计则较少受到人体的限制，可根据款式的要求灵活地确定。一般的原则为：随着放松量的增大袖窿部分的分配量应相对减少，而袖窿的深度则需随之变深，如图2-14所示。当放松量增大到一定量时，袖窿的分配量可为零，此时放松量则全部分配在胸宽与背宽之中，其服装的结构则由立体完全过渡到平面，这也是由放松量的变化所导致的服装结构从量变到质变的过程，它进一步揭示了放松量对服装结构的影响。此外，放松量有时还会受到其他因素的影响，如特殊的加工方式或材料的特别处理等，这些则需根据具体的情况和要求进行设计。

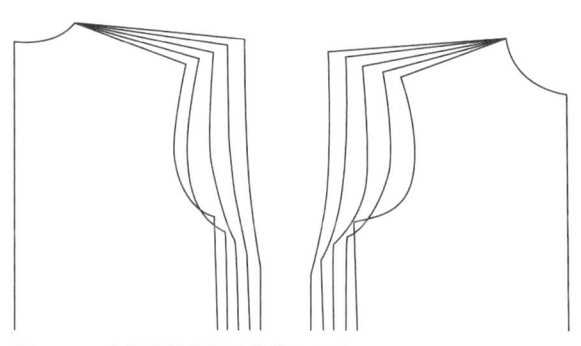

图2-14 宽松服装放松量的分配原则

第二节 服装号型与规格系列

服装号型标准是为了适应工业化服装生产的需要，通过采集人体数据，然后进行科学的归纳、分析、汇总而成的人体相关部位的数据尺寸，它为服装工业化生产提供了可靠的科学依据，为人体建立了一套理想的数据模型。服装号型标准是以正常人体主要部位为依据，设置服装号型系列，服装号型是服装规格数据的依据，适用于成衣批量生产。服装规格是制作样版、裁剪、缝纫、销售的重要环节之一，更是决定成衣的质量和商品性能的重要依据。由于每个国家的国情不同，人体体型也各有差异，因此每个国家都有自己的服装号型标准。这些标准都是根据国际标准化组织提供的服装尺寸，以及系统人体测量术语、测量方法和尺寸代号，结合本国国情而制定的。

一、服装号型

服装号型是服装制版的重要知识点，通过对服装号型的产生、服装号型的定义、服装号型的表示方法以及数据分档等方面的介绍，以便更好地理解服装号型在服装制版中的意义。

（一）服装号型的产生

我国第一部《服装号型系列》国家标准诞生于1981年，由当时的国家技术监督局正式批准发布实施。为研制我国首部《服装号型系列》标准，原轻工业部于1974年组织全国服装专业技术人员，在我国21个省市进行了40万人体的体型调查，其对象包括商业、机关、文艺、卫生等各行业从业人员以及街道、大专院校、中小学、幼儿园、托儿所等的各类人员。其年龄对象为1至7岁的幼儿占10%，8至12岁的儿童占15%，13至17岁的少年占15%，成人占60%。调研测量了人体的17个部位，测量数据以人体净体的高度、围度数为准。调研所得的数据由中国科学院数学研究所汇总，从17个部位数据中男子所需的数据选择12个，即身高、颈椎点高、上体长、手臂长、胸围、颈围、总肩宽、后背宽、前胸宽、下体长、腰围、臀围；女子所需的数据增加前腰节高和后腰节高,为14个部位的数据。这些数据经整理、计算,求出各部位的平均值、标准差及相关数据,制定了符合我国体型的服装号型标准。第一部《服装号型系列》标准经过10年的宣传和应用,其后又增加了体型数据,于1991年批准发布,标准代号为：GB 1335-91《服装号型系列》国家标准。

1998年发布的《服装号型系列》对使用了7年的"91标准"做了修改,废除了其中5.3系列,增加了婴儿号型。这就是目前使用的GB/T1335.1—97服装号型（男子）、GB/T1335.2—97服装号型（女子）和GB/T1335.3—97服装号型（儿童）三个服装号型标准。

2009年实施的第四部国家号型系列GB/T1335.1—2008《服装号型男子》、GB/T1335.2—2008《服装号型女子》和GB/T1335.3—2008《服装号型儿童》标准是依据GB/T1335.1—1335.3—1997进行修订的。主要变化是修改了标准的英文名称、规范性引用文件,在男子部分增加了号为190及对应号型的设置,增加了号为190的控制部位值；在女子部分增加了号为180及对应号型的设置,增加了号为180的控制部位值。国家服装号型标准系列先后制定和修订了几次,最新号型覆盖率达到95%以上,标准运用的范围扩大了,更能满足消费者的着衣需要。同时新国家标准更利于我国的服装产品进入国际销售市场。

（二）服装号型的定义

号型标志一般选用人体的高度（身高）、围度（胸围或腰围）加上体型类别来表示,是专业人员设计制作服装时确定其尺寸大小的参考依据。

号是指人体身高,以厘米（cm）为单位表示,是设计和选购服装长短的主要依据；型是指人体的上体胸围和下体腰围,以厘米（cm）为单位表示,是设计和选购服装肥度的主要依据。体型以人体的胸围与腰围的差数为依据来划分,分为四类。体型分类代号分别为Y、A、B、C四类,如表2-3所示。

表2-3 男女性体型分类　　　　　　　　　　　　　　　　单位：cm

男性			女性		
体型	胸腰差（单位：cm）	人体总量比例（单位：%）	体型	胸腰差（单位：cm）	人体总量比例（单位：%）
Y	22至17	20.98	Y	24至19	14.82
A	16至12	39.21	A	18至14	44.13
B	11至7	28.65	B	13至9	33.72
C	6至2	7.92	C	8至4	6.45

（三）服装号型表示方法

号与型之间用斜线分开,后接体型分类代号。

例：上装170/88A,其中170代表号,88代表型,A代表体型分类。下装170/74A,其中170代表号,74代表型,A代表体型分类。

（四）服装号型系列分档数值参考（表2-4）

表2-4　服装号型系列分档数值参考表（按5.4系列分档）　　　单位：cm

部位	性别	代号及档差值 Y	A	B	C	档差值
身高	男	170	170	170	170	5
	女	160	160	160	160	
颈椎点高	男	145	145	145.5	146	4
	女	136	136	136.5	136.5	
胸围	男	88	88	92	96	4
	女	84	84	88	88	
颈围	男	36.4	36.8	38.2	39.6	1
	女	33.4	33.6	34.6	34.8	0.8
肩宽	男	44	43.6	44.6	45.2	1.2
	女	40	39.9	39.8	40.5	1
臂长	男	55.5	55.5	55.5	55.5	1.5
	女	50.5	50.5	50.5	50.5	
坐姿长	男	66.5	66.5	67.5	67.5	2
	女	62.5	62.5	63	62.5	
腰围高	男	103	102.5	102	102	3
	女	98	98	98	98	
腰围	男	70	74	84	92	4※
	女	64	68	78	82	
臀围	男	90	90	95	97	Y、A3.2※ B、C2.8※
	女	90	90	96	96	Y、A3.6※ B、C3.2※

※注：下装采用5.2系列时，将此分档数按1/2分档即可。

二、服装规格系列的产生

规格型号也叫服装尺码标准，是表示人体外形及服装量度的一系列规格参数，是为了规范厂商生产及方便顾客选购而形成的一套量度指数。服装尺码标准是在人体基本尺寸的基础上，根据不同的款式，加上合适的宽松量而制定的。服装的规格尺寸一旦确定以后，它就是服装制造的依据。

（一）体型测量数据

在号型标准测体方案中，规定了测量人体的60个部位。计算均值即平均数，均值=参加计算人的某部位数值的总和/参加计算的人数。求取标准差适合不同人体体型要求的标准数值。

（二）人体数据处理

人体测量的数据，通过均值、标准差、相关系数的计算与分析解决标准中的以下问题。

均值计算。为确定中间标准提供了依据。

标准差的计算。为制定号型标准确定了范围。

相关数据的计算。确定了标准的号、型分类，为进一步以基本部位为依据来确定其他部位尺寸，提供了计算依据。

（三）未来发展趋势

非接触式三维人体测量技术（interactive 3D whole body scanner system）是人体全身扫描技术，是通过应用光敏设备捕捉设备投射到人体表面的光（激光、白光及红外线）在人体上形成的图像，描述人体三维特征。非接触式三维人体扫描仪在服装工业中的应用有以下几个方面。

服装号型的修改与制定。服装3D扫描技术可灵活准确地对不同客体人群、地域、国家的人体进行测量，获得有效数据，建立客观、精确反映人体特征的人体数据库。数据方便易查，便于管理和使用（比较、分析、应用）。可以追踪、研究客体、客体群组的整体变化情况，建立"流动"的人体数据库，为服装号型的修订、更新及人体体型的细分提供理论依据。

标准人台与人体模型的建立。服装用标准人台、人体模型是企业用于纸样设计、研究进行服装立体设计裁剪的重要工具之一。

服装三维设计。服装三维设计建立在人体测量获得的人台或人体模型基础之上，通过再现"真人"，在"人体模型"上进行交互式立体设计（在人模上用线勾勒出服装的外形和结构线），配合相应软件生成二维的服装样版片。它也为原型版的建立和服装样版的系列化设计提供快捷、便利的研究方案。（图2-15）

服装电子商务。电子商务是新兴的商务模式，它以网络为手段进行商务贸易。网络的发展与普及为电子商务的发展提供了应用条件。

量身定制（MTM）。量身定制系统是将产品重组以及生产过程重组转化为批量生产。首先通过三维扫描系统获得的客户尺码信息，通过电子订单传输到生产的CAD系统，系统根据相应的尺码信息和客户对服装款式的要求，放松量、长度、宽度等方面的喜好信息，在样版库中找到相应的匹配的样版，最终进行系统生产的快速反应方式。

时装产品虚拟展示。在电脑中虚拟人体或模型，陈列系列服装款式及与之配套的饰品，客户可据自己的喜好挑选服装样式、颜色及饰品并进行组合搭配。

虚拟试衣。时装表演根据扫描数据模拟出"真"人，将服装穿着在其身上，从而展示着装

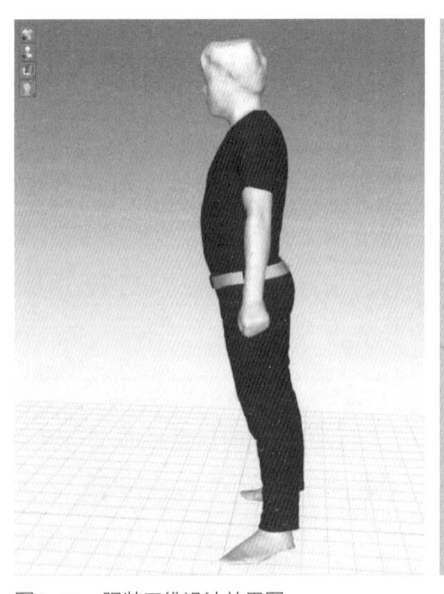

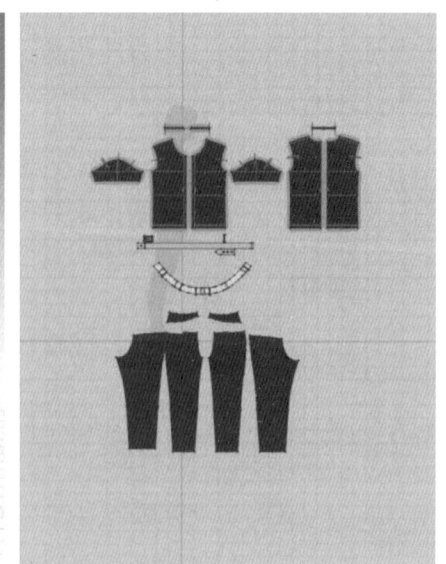

图2-15 服装三维设计效果图

状态，同时能模拟不同材质面料的性能（悬垂效果等），以设计软件实现虚拟的购物试穿过程，减少购物时间。应用模型动画模拟时装发布会进行时装表演，减少了表演费用。随着科技的发展和电子网络的普及，电子商务将成为服装销售的主要途径。而测量技术及相应的软硬件的不断发展与完善（如移动式扫描仪的出现，使得对人体数据的获得方式更为灵活），成为服装现代化、数字化、个性化生产及服装电子商务展开的重要工具，为服装工业迅速发展、建立快速反应模式提供必要的技术支撑。服装3D扫描技术将会更为精确地提供人体数据，使服装与人体更趋完美地结合。（图2-16）

图2-16 服装虚拟试衣

现中表示不同的含义。两者都为服装产品最后定型而发挥作用，并保证服装成衣能满足相关人群"穿衣合体"的需要。

（一）服装号型与服装规格的对应关系

服装号型是服装规格产生的基础和依据，而服装规格在某种程度上讲是服装号型在服装产品上具体运用的最终表象。服装规格与服装号型的对应关系见表2-5。

三、服装号型与服装规格的关系

服装号型与服装规格在人体测量数据的基础上，存在一定的对应关系，同时在服装产品的呈

表2-5 服装规格与服装号型的对应关系　　　　　　　　　　　　　　　　　单位：cm

服装号型人体测量部位	折算公式	服装主要规格名称
身高	—	—
男子颈椎点高	颈椎点高/2-0.5	后衣长（男西服）
女子颈椎点高	颈椎点高/2-0.5	后衣长（女西服）
坐姿颈椎点高	—	—
全臂长	全臂长+3	袖长（西服）
腰围高	腰围高+［腰头宽/2-2（地面向上距离）］	裤长
净胸围	净胸围+不同款式所需要的加放松度	胸围
净颈围	净颈围+不同款式所需要的加放松度	领围
总肩宽	总肩宽+1	总肩宽（正装装袖款式）
净腰围	净腰围+2	腰围
净臀围	净臀围+不同款式所需要的加放松度	臀围

注1：腰头宽一般为3.5至4cm。

注2：西服胸围加放松度一般男子为18至20cm，女子为16至18cm（均在棉毛衫、衬衫外量放）。

注3：西裤臀围加放松度男女一般为10cm（均在棉毛裤外量放）。

注4：男衬衫领围的加放松度一般在1至1.5cm之间，女衬衫领围完整。

注5：各档人体测量部位的具体数据见GB/T1335.1至1335.3—1997标准的附录B各列表。

表中清楚地显示，服装成品主要规格与服装号型规定的人体测量部位有着直接的联系，服装号型所定人体测量部位数据对服装规格的生成起到了导向性作用。

（二）服装号型与服装规格的区别

服装规格是具体表示服装成品主要部位尺寸大小的实际数值。服装号型主要针对人群而言，强调的是不同规格、不同尺寸档次服装对相应人群的适体性，指向比较宏观。服装规格则主要针对服装成品本身而言，强调的是服装外形上主要部位的实际尺寸，指向十分具体。从使用状况看，目前服装号型多在市场销售的服装商品上出现，消费者可以通过对它的认识和理解，并在它的引导下选购自己称心与合体的服装。服装规格则在服装企业的生产工艺单上和销售合同上出现的频率较高些，它将服装号型的设定要求转换成具体的服装成品外形主要部位的实际尺寸，起到指导生产、控制产品外形尺寸质量及满足供销双方合同约定的作用。服装规格有时在流通领域中也能起到指导消费的作用。

服装号型所显示的数据通常是指对人体进行净体测量所得到的数据。如一件钉有"175/92A"号型标志的男西服，仅表明该件西服适合于身高在174至176cm之间，净胸围在90至93cm之间，且体型正常的男士穿着，并不表示该件西服的实际衣长和胸围等具体数值，而服装规格则是具体反映一件服装产品外形主要部位的尺寸。在服装成品上，其表示方法一般为"衣长与胸围""衣长—胸围—领围"或"裤长与腰围"。仍以钉有"175/92A"号型标志的男西服为例，根据现行服装号型国家标准规定及服装规格与服装号型人体测量部位数值折算公式计算，该件男西服产品的（后）衣长实际尺寸或许是73cm，胸围的实际尺寸或许是110cm。这组数据可以在该件男西服成品上直接测量得出。通过以上分析可以看出，在实际应用中服装号型一般只是起到区间性指示作用。它通过确定人体身高、净胸围、净腰围的区间范围及区分成人不同体型的方法来确定或划分某一款式的服装成品适合何类人群穿着。

四、服装标准的分类

服装标准是对服装产品的质量、规格及其检验方法等所作的统一技术规定，是从事服装研究、服装生产的一种共同依据。大体可从内容方面、级别方面、服装执行标准方面进行服装标准的分类。

（一）从内容方面分类

1. 基础标准

基础标准是指具有一般共性和广泛指导意义的标准，如服装号型系列标准、服装名词术语标准、服装制图符号标准、服装缝纫线型分类及服装规格标准。

2. 产品标准

产品标准是指对某一产品所规定的质量标准，例如，男女裤、西装、大衣、羽绒服装标准等，其内容包括该产品的形式、规格尺寸、质量标准、检验方法、储存运输、包装等。

3. 方法标准

方法标准是指通用性的测试方法、程序、规程等标准，如水洗羽毛、羽绒试验方法标准，毛料服装检验方法标准，使用黏合衬服装剥离强度、硬挺度、耐水洗、耐干洗测试方法标准等。（图2-17）

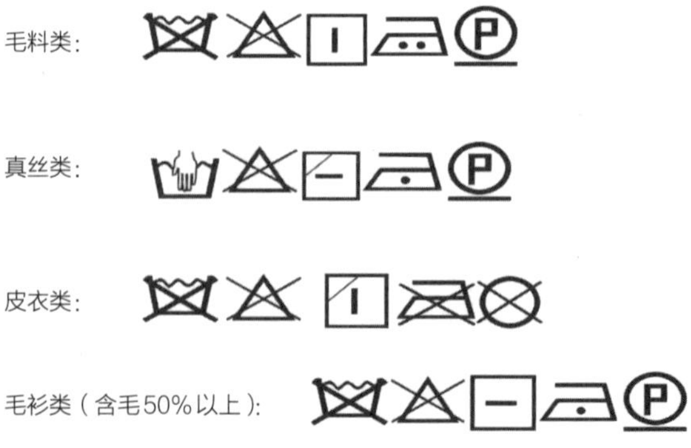

图2-17 服装标签规范标准

（二）从级别方面分类

1. 国际标准

国际标准是指由国际标准化团体通过的标准。国际标准化团体有国际标准化组织（ISO）、国际羊毛局（IWS）等，国际标准在国际交往和国际贸易中起着重要作用。

2. 国家标准

国家标准是指由国家标准化主管机构批准、发布，在全国范围内统一执行的标准。（表2-6）国家标准的代号是GB。

3. 行业标准

行业标准及专业标准是指由主管部门批准、发布，在行业及部门范畴内统一执行的标准。标准代号FZ。

4. 专业标准

专业标准是由专业标准化主管机构专业标准组织批准、发布，在某专业范围内统一执行的标准。标准代号ZB。

5. 企业标准

企业标准是指企业或其上级有关机构批准、发布的标准。

6. 内控标准

内控标准是企业为了不断提高产品质量以满足用户要求和适应市场竞争的需要而制定的。企业可以制定比国家标准、行业标准和专业标准更为详细的标准，内控标准通常反映出某个企业产品的特色。

表2-6 服装国家标准部分代号与内容

序号	标准代号	标准内容
1	GB/T 1335.1—2008	服装号型男性
2	GB/T 1335.2—2008	服装号型女性
3	GB/T 1335.3—2009	服装号型儿童
4	GB/T 2660—2017	衬衫
5	GB/T 2662—2017	棉服装
6	GB/T 2664—2017	男西服、大衣
7	GB/T 2665—2017	女西服、大衣
8	GB/T 2666—2017	男、女西裤
9	GB/T 2667—2017	衬衫规格
10	GB/T 2668—2017	单服、套装规格
11	GB/T 15557—2008	服装术语
12	QB/T 1002—2015	皮鞋
13	FZ/T 81010—2009	风衣

续表

序号	标准代号	标准内容
14	GB/T 14272—2011	羽绒服装
15	GB/T 14304—2008	毛呢套装规格

（三）从服装执行标准分类

服装的执行标准指的是《国家纺织产品基本安全技术规范GB18401—2010》，该标准规定了纺织产品的基本安全技术要求、试验方法、检验规则及实施与监督。纺织产品的其他要求按有关的标准执行。该标准适用于在我国境内生产、销售的服用、装饰用和家用纺织产品。出口产品可依据合同的约定执行。我国从2005年1月1日就正式实施强制性国家标准GB18401—2003《纺织产品基本安全技术规范》。（图2-18）

1.A类

婴幼儿服装（尿布、尿裤、内衣、围嘴儿、睡衣、手套、袜子、中衣、外衣、帽子、床上用品），甲醛含量不得超过20mg/kg。

2.B类

直接接触皮肤的服装（文胸、腹带、针织内衣、衬衫、裤子、裙子、睡衣、袜子、床单、被罩），甲醛含量不得超过75mg/kg。

3.C类

不接触皮肤的服装（毛衫、外衣、裙子、裤子）和室内装饰类纺织品（桌布、窗帘、沙发罩、床罩、墙布），甲醛含量不得超过300mg/kg。

图2-18 纺织产品基本安全技术规范

第三节 经典服装的分类与规格系列

国家《服装号型标准》是服装规格系列设计的可靠依据，根据号型标准中提供的人体净体尺寸，综合服装款式因素加放不同放松量进行服装规格设计，以便适合绝大部分目标顾客的需求，这是实行服装号型标准的最终目的。实际生产中的服装规格设计不同于传统的"量体裁衣"，必须考虑能够适应多数地区以及多数人的体型要求，而个别人的体型特征只能作为一种参考，而不能作为成衣规格设计的依据。在进行规格设计时，必须遵循以下原则：号型系列和分档数值不能随意改变。国家标准中所规定的服装号型系列为上装5.4系列，下装为5.4或5.2系列，不能自行更改。

一、衬衫的分类与系列设置

（一）衬衫的分类

1.从领子分类

衬衫通常可从领子的形状进行分类。（图2-19）

标准领：长度和敞开的角度均不走"极端"的领子，泛称"标准领"。

异色领：指配个白领子的素色或条纹衬衫，有的袖口也做成白色。

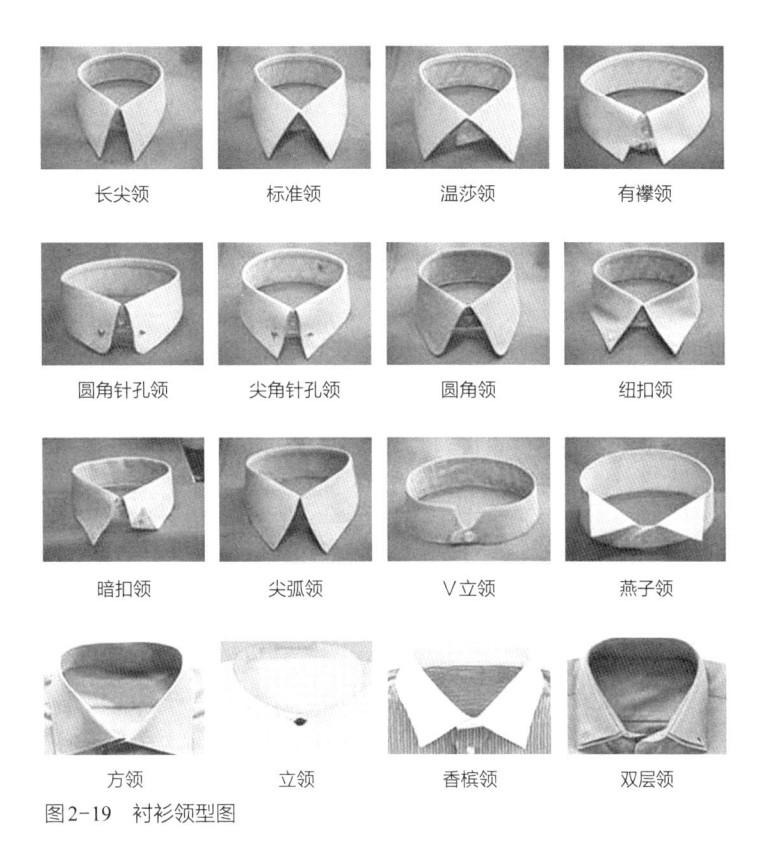

长尖领	标准领	温莎领	有襻领
圆角针孔领	尖角针孔领	圆角领	纽扣领
暗扣领	尖弧领	V立领	燕子领
方领	立领	香槟领	双层领

图2-19 衬衫领型图

暗扣领：左右领尖上缝有提纽，领带从提纽上穿过，领部扣紧的衬衫领。

敞角领：左右领子的角度在120至180度之间，又称"温莎领"。

纽扣领：领尖以纽扣固定于衣身的衬衫领，典型美国风格的衬衫。

长尖领：同标准领的衬衫相比，领尖较长，多用作具有古典风格的礼服衬衫。

2.从图案分类

衬衫的图案举不胜举，熟悉常见的图案与西装及领带的搭配会大有帮助。

粗竖条纹：指等间距粗竖条纹图案，最细的条纹为半毫米左右。

铅笔条纹：线条很细，仿佛用铅笔画出，多用作礼服衬衫的衣料。

交替竖条纹：两种竖条纹相互交错，白底红、蓝两色交错较常见。

塔特萨尔花格：两种细条纹横竖交叉的图案，白底红、黑两色的条纹较常见。

多色方格：原为苏格兰人的传统衣料图案。其特征为横竖两方向使用相同数量的染色棉线织成。多用作休闲衬衫的料子。

兹利花纹：以涡旋为主题将其扩散的图案。富于变化，也常用作领带的图案。

3.以衣料分类

同为棉质衣料，所用棉线的粗细及织法的不同，制成的衬衫衣料大不一样，触觉和视觉也各异。

青年布：竖向用染色棉线，横向用白棉线平织的轻薄棉质衬衫衣料。淡而柔和，稍带光泽，最常见的是蓝色棉线和白棉线的组合。

牛津布：纽扣领衬衫常用的衣料，平织，纹路较粗，颜色有白、蓝、粉红、黄、绿、灰等，大都为淡色。柔软、透气、耐穿，深受年轻人的喜爱。

条格平布：用染色棉线和漂白棉线织成的衬衫衣料，配色多为白与红、白与蓝、白与黑等。既可用作运动衬衫，也适宜于礼服衬衫。

（二）男式衬衫规格系列（表2-7）

表2-7 男式衬衫规格系列参考表（5.4A） 单位：cm

部位尺寸			型							
			72	76	80	84	88	92	96	100
胸围尺寸			92	96	100	104	108	112	116	120
领大尺寸			35	36	37	38	39	40	41	42
总肩宽尺寸			40.4	41.6	42.8	44	45.2	46.4	47.6	48.8
号	155	后衣长尺寸		65	65	65	65			
		长袖长尺寸		55	55	55	55			
		短袖长尺寸		21	21	21	21			
	160	后衣长尺寸	67	67	67	67	67	67		
		长袖长尺寸	56.5	56.5	56.5	56.5	56.5	56.5		
		短袖长尺寸	22	22	22	22	22	22		
	165	后衣长尺寸	69	69	69	69	69	69	69	
		长袖长尺寸	58	58	58	58	58	58	58	
		短袖长尺寸	23	23	23	23	23	23	23	
	170	后衣长尺寸	71	71	71	71	71	71	71	71
		长袖长尺寸	59.5	59.5	59.5	59.5	59.5	59.5	59.5	59.5
		短袖长尺寸	24	24	24	24	24	24	24	24
	175	后衣长尺寸		73	73	73	73	73	73	73
		长袖长尺寸		61	61	61	61	61	61	61
		短袖长尺寸		25	25	25	25	25	25	25
	180	后衣长尺寸			75	75	75	75	75	75
		长袖长尺寸			62.5	62.5	62.5	62.5	62.5	62.5
		短袖长尺寸			26	26	26	26	26	26
	185	后衣长尺寸				77	77	77	77	77
		长袖长尺寸				64	64	64	64	64
		短袖长尺寸				27	27	27	27	27
	190	后衣长尺寸					79	79	79	79
		长袖长尺寸					65.5	65.5	65.5	65.5
		短袖长尺寸					28	28	28	28

（三）女式衬衫规格系列（表2-8）

表2-8 女式衬衫规格系列参考表（5.4A）　　　　　　　　　　　单位：cm

部位尺寸			型						
			72	76	80	84	88	92	96
胸围尺寸			88	90	94	98	102	106	110
总肩宽尺寸			37.6	38.6	39.6	40.6	41.6	42.6	43.6
号	145	后衣长尺寸		58	58	58	58		
		长袖长尺寸		49.5	49.5	49.5	49.5		
		短袖长尺寸		18	18	18	18		
	150	后衣长尺寸	60	60	60	60	60	60	
		长袖长尺寸	51	51	51	51	51	51	
		短袖长尺寸	19	19	19	19	19	19	
	155	后衣长尺寸	62	62	62	62	62	62	62
		长袖长尺寸	52.5	52.5	52.5	52.5	52.5	52.5	52.5
		短袖长尺寸	20	20	20	20	20	20	20
	160	后衣长尺寸	64	64	64	64	64	64	64
		长袖长尺寸	54	54	54	54	54	54	54
		短袖长尺寸	21	21	21	21	21	21	21
	165	后衣长尺寸		66	66	66	66	66	66
		长袖长尺寸		55.5	55.5	55.5	55.5	55.5	55.5
		短袖长尺寸		22	22	22	22	22	22
	170	后衣长尺寸			68	68	68	68	68
		长袖长尺寸			57	57	57	57	57
		短袖长尺寸			23	23	23	23	23
	175	后衣长尺寸				70	70	70	70
		长袖长尺寸				58.5	58.5	58.5	58.5
		短袖长尺寸				24	24	24	24

二、夹克衫的分类与系列设置

(一) 夹克衫的分类

夹克衫的分类有多种,有以款式造型分类的,如驳领夹克、牛仔夹克、蟹钳领夹克、多分割线夹克等;有以面料分类的,如皮夹克、坚固呢夹克、亚麻料夹克、棉夹克等。下面主要以实用夹克做重点介绍。

职业夹克:其特点是口袋多,以满足放劳动工具的需要。

便装夹克:其特点是口袋均匀分布在衣片上,以改良衣片和袖片。有的便装夹克装饰很多纽扣并配有肩章。

制服夹克:其特点是自然、大方、宽松、舒适,穿脱方便。有箱形夹克、超短或超长形夹克、滑雪夹克等样式。

礼服夹克:一种从西服演变而来的较为庄重的夹克,它的辅形多为西装领式卡曲式风格。该夹克与其他夹克相比更显合体、大方。

(二) 男式夹克衫规格系列 (表2-9)

表2-9 男式夹克衫规格系列参考表 (5.4A) 单位:cm

部位尺寸			型						
		72	76	80	84	88	92	96	100
胸围尺寸		98	102	106	110	114	118	122	126
领大尺寸		40.6	41.6	42.6	43.6	44.6	45.6	46.6	47.6
总肩宽尺寸		42.6	43.8	45	46.2	47.4	48.6	49.8	51
号	155 后衣长尺寸		64	64	64	64			
	155 袖长尺寸		54.5	54.5	54.5	54.5			
	160 后衣长尺寸	66	66	66	66	66	66		
	160 袖长尺寸	56	56	56	56	56	56		
	165 后衣长尺寸	68	68	68	68	68	68		
	165 袖长尺寸	57.5	57.5	57.5	57.5	57.5	57.5		
	170 后衣长尺寸		70	70	70	70	70	70	70
	170 袖长尺寸		59	59	59	59	59	59	59
	175 后衣长尺寸			72	72	72	72	72	72
	175 袖长尺寸			60.5	60.5	60.5	60.5	60.5	60.5
	180 后衣长尺寸				74	74	74	74	74
	180 袖长尺寸				62	62	62	62	62
	185 后衣长尺寸					76	76	76	76
	185 袖长尺寸					63.5	63.5	63.5	63.5
	190 后衣长尺寸						78	78	78
	190 袖长尺寸						65	65	65

（三）女式夹克衫规格系列（表2-10）

表2-10　女式夹克衫规格系列参考表（5.4A）　　单位：cm

部位尺寸			型						
			72	76	80	84	88	92	96
胸围尺寸			94	98	102	106	110	114	118
领大尺寸			39	39.8	40.6	41.4	42.2	43	43.8
总肩宽尺寸			40.4	41.4	42.4	43.4	44.4	45.4	46.4
号	145	后衣长尺寸		57	57	57	57		
		袖长尺寸		50	50	50	50		
	150	后衣长尺寸	59	59	59	59	59	59	
		袖长尺寸	51.5	51.5	51.5	51.5	51.5	51.5	
	155	后衣长尺寸	61	61	61	61	61	61	61
		袖长尺寸	53	53	53	53	53	53	53
	160	后衣长尺寸	63	63	63	63	63	63	63
		袖长尺寸	54.5	54.5	54.5	54.5	54.5	54.5	54.5
	165	后衣长尺寸		65	65	65	65	65	65
		袖长尺寸		56	56	56	56	56	56
	170	后衣长尺寸			67	67	67	67	67
		袖长尺寸			57.5	57.5	57.5	57.5	57.5
	175	后衣长尺寸				69	69	69	69
		袖长尺寸				59	59	59	59

三、西装的分类与系列设置

（一）西装的分类

按穿着者的性别，西装可分为男西装、女西装两类。

1.男性西装

现代西装出现之前，近代西方男性出席商务场合穿的套装，有一件又长又厚的黑色外套，称为frock coat。直至19世纪末，美国人开始改穿比较轻便、只长及腰间的外套，称作sack suit。这成为非正式、非劳动场合的日间标准装束，即使是最朴实的男性也会有一套这样的西装，星期日上教堂时穿着。第二次世界大战之前，这种简便套装会连同背心穿着。

晚间套装也发展出一种非正式装束。原本的

燕尾服演变出小晚礼服。时至今日，小晚礼服甚至取代燕尾服，成为出席晚间场合的标准装束，而历史较长的燕尾服只留给最庄重的场合穿着，如宴会、音乐演奏会、授勋仪式等。日间的正式装束则是早礼服。虽说现代场合一般已经不太拘泥于繁文缛节，但视出席场合所要求的礼节，请柬上应该会注明穿衣要求。

2.女性西装

女性穿的现代西服套装多数限于商务场合。女性出席宴会等正式场合多会穿正式礼服，如宴会礼服等。

20世纪初，由外套和裙子组成的套装成为西方女性日间的一般服饰，适合上班和日常穿着。女性套装比男性套装更轻柔，裁剪也较贴身，以凸显女性身型，通常充满曲线感的姿态。20世纪60年代开始出现配裤子的女性套装，但被接受为上班服饰的过程较慢。随着时代发展、社会开放，套装的裙子也有向短发展的趋势。20世纪90年代，迷你裙再度成为流行服饰，西装短裙的长度也因而受到影响，因应当地习俗及情况而异。

（二）男式西装规格系列（表2-11）

表2-11 男式西装规格系列参考表（5.4A） 单位：cm

部位尺寸			型							
			72	76	80	84	88	92	96	100
胸围尺寸			90	94	98	102	106	110	114	118
总肩宽尺寸			39.8	41.0	42.2	43.4	44.6	45.8	47.0	48.2
号	155	后衣长尺寸		66	66	66	66			
		袖长尺寸		54.5	54.5	54.5	54.5			
	160	后衣长尺寸	68	68	68	68	68	68		
		袖长尺寸	56	56	56	56	56	56		
	165	后衣长尺寸	70	70	70	70	70	70	70	
		袖长尺寸	57.5	57.5	57.5	57.5	57.5	57.5	57.5	
	170	后衣长尺寸		72	72	72	72	72	72	72
		袖长尺寸		59	59	59	59	59	59	59
	175	后衣长尺寸			74	74	74	74	74	74
		袖长尺寸			60.5	60.5	60.5	60.5	60.5	60.5
	180	后衣长尺寸				76	76	76	76	76
		袖长尺寸				62	62	62	62	62
	185	后衣长尺寸					78	78	78	78
		袖长尺寸					63.5	63.5	63.5	63.5

（三）女式西装规格系列（表2-12）

表2-12 女式西装规格系列参考表（5.4A） 单位：cm

部位尺寸		型						
		72	76	80	84	88	92	96
胸围尺寸		88	92	96	100	104	108	112
总肩宽尺寸		37.4	38.4	39.4	40.4	41.4	42.4	43.4
号	145 后衣长尺寸		57	57	57	57		
	145 袖长尺寸		49.5	49.5	49.5	49.5		
	150 后衣长尺寸	59	59	59	59	59	59	
	150 袖长尺寸	51	51	51	51	51	51	
	155 后衣长尺寸	61	61	61	61	61	61	61
	155 袖长尺寸	52.5	52.5	52.5	52.5	52.5	52.5	52.5
	160 后衣长尺寸	63	63	63	63	63	63	63
	160 袖长尺寸	54	54	54	54	54	54	54
	165 后衣长尺寸		65	65	65	65	65	65
	165 袖长尺寸		55.5	55.5	55.5	55.5	55.5	55.5
	170 后衣长尺寸			67	67	67	67	67
	170 袖长尺寸			57	57	57	57	57
	175 后衣长尺寸				69	69	69	69
	175 袖长尺寸				58.5	58.5	58.5	58.5

思考题

1. 人体尺寸测量的注意事项有哪些？服装放松量规律具体有哪些？

2. 服装号型的定义是什么？服装号型与服装规格是什么关系？

实训题

1. 以小组为单位，根据人体尺寸的测量方法，测量组员的人体尺寸数据，总结每份数据的特点。

2. 了解服装规格系列的概念，简述号、型的具体含义。

第三章
服装工业制版原理

重要知识点：1. 掌握服装结构设计原理。

2. 掌握各经典款式制版中的规格制定、结构制图。

教学目标：1. 使学生了解典型服装款式的结构。

2. 使学生掌握各规格尺寸之间的关系。

3. 使学生了解企业如何进行纸样设计。

4. 使学生了解各规格间纸样的核对。

教学准备：准备经典的服装结构纸样，便于学生在教学中更好地学习和理解。

服装结构设计要以人体为本来满足款式的要求，而服装版型的设计是在结构设计的基础上进行的必要修正与提高。服装结构设计是承上启下的关键，是从主题到平面、从平面到立体转变过程的重要环节，是使服装造型结构合理化、标准化、工业化的根本，也可以说是一种再创造与再设计的过程。服装结构设计的优劣将直接反映出服装成品的技术水准和档次。

虽然工业化成衣生产已成为现代服装生产的主要方式，它的工艺加工方法也日益变得成熟和完善，但它的重要环节——工业纸样是实现这一方式的先决条件。对于一些常见的款式，针对其不同点可采用不同的纸样处理方法。首先从绘制该款式的基本纸样着手，分析纸样结构的组成，然后以该纸样为基准进行推版。

第一节　服装结构设计原理

服装结构设计是传达设计思想，沟通裁剪、缝制、管理等部门的技术语言，是组织和指导生产的桥梁，它以符合人体体型为前提进行。各种服装结构设计本身就是为了使服装能被人体穿出最佳效果，同时为了人体穿着效果更美观、更多样化又引发出了更多的结构变化。而为了能给更多不同体型人提供更多的选择，更多展现自己的机会，才需要服装结构技术的发展。

男女体型差异对服装结构设计有着明显和直接影响。熟知男女不同体型的表现规律，才能从根本上来研究服装款式和服装结构，理解服装内在结构上的需要和应遵循的变化规则，正确设计出结构合理的男装和女装来。人们对男子体型、男装的审美和对女子体型、女装的审美有着不同的要求，这也是结构设计时要考虑的重要因素。一般来说，曲线效果、优美感是女装的象征，而直线效果、强健刚毅感则是男装的追求。所以女装上衣围度设计时加放的松度明显小于男装，这也是男女上衣在结构设计时的主要区别之一。

一、女装实用原型解析

女装原型主要考虑到女体胸部隆起，以BP点为基点设计出必要的省道，以使得服装能准确地反映出女体胸部隆起、腰细、臀大、颈细的特点。

（一）衣片结构设计步骤（图3-1）

画基础线：在画纸下方画一条平行线①，然后以此线为基础线。

画背中线：在基础线的左侧垂直画一条直线②，可作为背中线。

画前中线：自背中线向右量 1/2B 画垂直线③，即可确定前中线。

确定背长：根据背长的数值自基础线在背中线上画出背长即可。

画上平线：以背长线顶点为基点画一条①的平行线④作为上平线。

确定前腰节长：自上平线④向下量至前腰节长数值即可。

确定袖窿深：自上平线④向下量，袖窿深 =B/6+6（约）。

画后领口：后领口宽 =1/5 领围 −0.5cm，后领口深 =1/3 领宽（或定数 2.5cm）。

确定前片肩端点：前落肩 =2/3 领宽 +0.5cm（或 =B/20+0.5cm，也可以用定数约 5.5cm 或用肩斜度 20°来确定）。左右位置是自前中线向侧缝方向量 1/2 肩宽即可。

确定后片肩端点：后落肩 =2/3 领宽（或

=B/20，也可以用定数5cm，还可以用肩斜度来确定，落肩17°）。左右即横向位置是自背中线向侧缝方向量1/2肩宽+0.5cm，然后画垂直线，该线与落肩线的交点即肩端点。

确定前胸宽：前肩端点向前中线方向平行移约3cm画垂直线，即前胸宽线。

确定后背宽：后片肩端点向背中线方向平行移约2cm画垂直线，即后背宽线。后背宽一般要比前胸宽大出约1cm。

确定BP点：前胸宽中点向侧缝方向平行移约0.7cm画垂直线，该线通过袖窿深线向下量约4cm，即BP点。

画斜侧缝线（也叫摆缝线）：在B/2中点（在袖窿深线上）向背中线方向移0.5cm定C点，再以C点为基础画垂直线交于腰节线A点，A点再向后背方向平行移2cm确定B点，最后连接CB即可。

画前领口：领宽=1/5领围−0.5cm，领深=1/5领围+0.5cm，然后画顺领口弧线。当画好领口弧线时，请实测量领口弧线的长度（包括后领口长）是否与领围的数值吻合，必要时可适当调整。

画袖窿弧线：要求画顺弧线，弧线造型要标准，要符合人体造型。辅助点和线只是作为画弧线时的参考，在具体制图时要以整体为主，局部服从整体。特别要考虑胸围、肩宽、前胸宽、后背宽等数据的协调关系。

画前后腰节线。

（二）一片袖结构设计步骤（图3-2）

画基础线：在画纸的下方画一条水平线①即可。

确定袖长：自基础线向上垂直画袖长线即可。

确定袖山高：袖山高=1/3袖窿长−2（0至4cm）。袖山高的大小直接决定着袖子的肥瘦变化，袖山越高袖根越窄，袖山越低袖根越肥。

确定袖型的肥窄：一般当袖山高确定以后，袖型的肥窄就已经确定了。袖山斜线AB（直线）=后片袖窿长 AC（直线）=前片袖窿长。

确定袖肘线：在袖长的1/2处垂直向下移5cm再画一条水平线即可。

画袖口线：袖口的大小可根据需要而设定。

画袖山弧线：参考辅助点线画顺弧线。

（三）二片袖结构设计步骤（图3-3）

画基础线：在画纸的下方画一条水平线①即可。

确定袖长：自基础线向上垂直画袖长线②

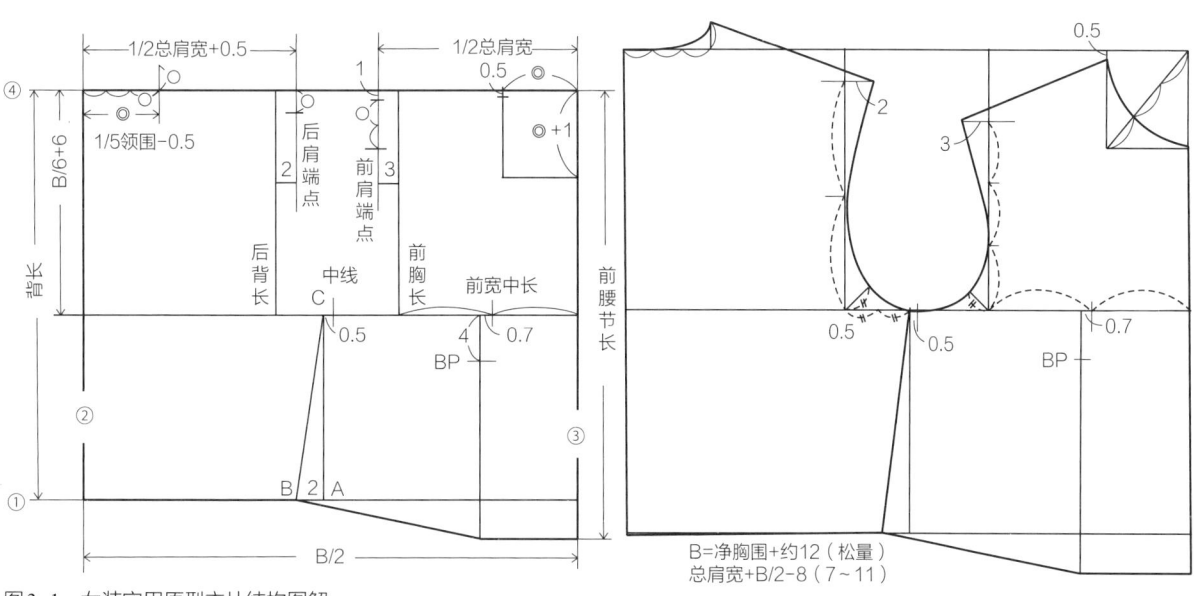

图3-1 女装实用原型衣片结构图解

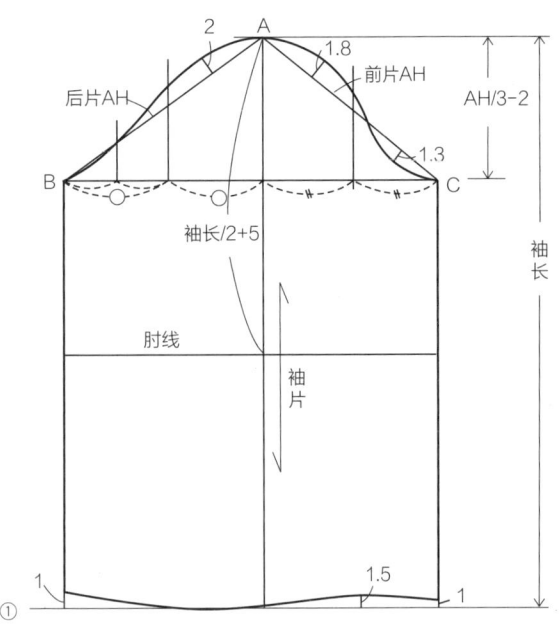

图3-2 女装实用原型一片袖结构图解

即可。

确定袖山高：袖山高=1/3袖窿长（参考值）。袖山高的大小直接决定着袖型的肥瘦变化，袖山越高袖根越窄，袖山越低袖根越肥。

确定袖型的肥窄：一般当袖山高确定以后，袖型的肥窄就已经确定了，袖山斜线AB=1/2袖窿长，B点自然确定，再以B点为中心向左右各平移3cm画垂直线确定大小袖片的宽度。

确定袖肘线：自袖山底线至袖口线的1/2处向上移3cm画水平线即可（也可在袖长的1/2处垂直向下移5cm画一条水平线来确定）。

画袖山弧线的辅助点线。

画袖衩：画长12cm、宽2cm袖衩。

画袖山弧线：参考辅助点线画顺弧线。画好袖山弧线后请实测一下袖山弧线的长度，检验与袖窿弧线的数据关系，必要时可做适当调整。

（四）女装省道的取得与变化

女装原型前片结构为符合女性体型特有的胸部隆起之造型，必须要有规则地去掉多余的量，进行科学的结构分解，使得女装原型能充分地展示出女性的风姿，突出女性优美的曲线。结构不仅要实用，而且要考虑造型的艺术视觉效果，这就要求设计者要设计出正确、合理的省道。

原型前片和后片的腰围线放在水平线上比较看一下，前片侧缝要比后片侧缝长出许多，这个长出的差数一般就成了省道的量分。因此，胸高隆起越大，后腰节长与前腰节长的差数就越大，理论上省道的量也就应该越大。相反胸高隆起越小，后腰节长与前腰节长的差数就越小，理论上省道的量也就应该越小。

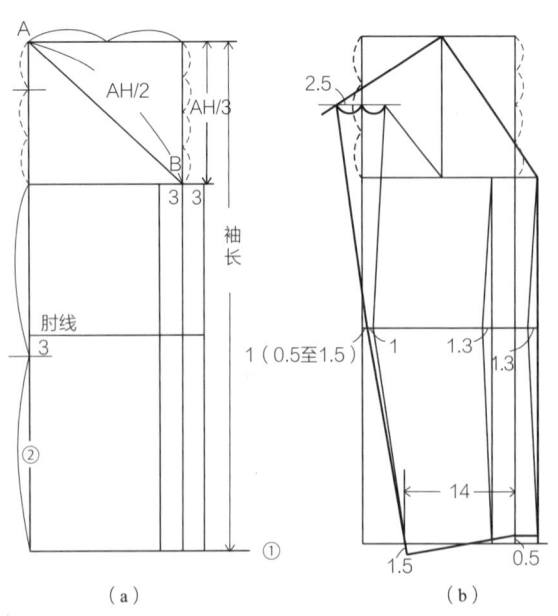

图3-3 女装实用原型二片袖（原装袖）结构图解

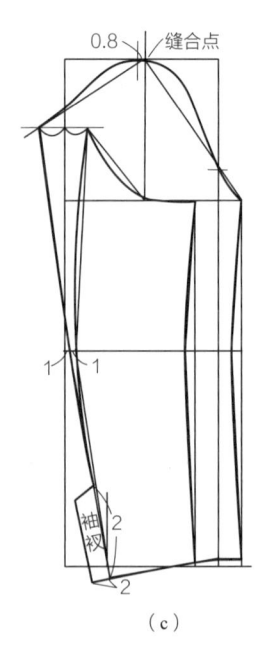

1. 前片省道的取得方法

转合法：先将原型样版在平面上放好（前中线朝右方向放置），然后以BP点为中点（不动点）让样版自右向左（肩颈点向肩端点方向移动）转动至斜腰线成为底边平行线为止，然后在外形线找准一点移动的量即省道，如图3-4所示。

剪接法：首先根据前后片侧缝线长度的差数设计出腋下省（前片基础省道），然后将此省剪开并去掉省量，再用合拼此省的方法求出其他省分。这是用量的转换原理来求得省道的基本方法，如图3-5所示。

直收法：根据自己对结构知识的掌握与理解，在结构设计的过程中直接设计出所需的省

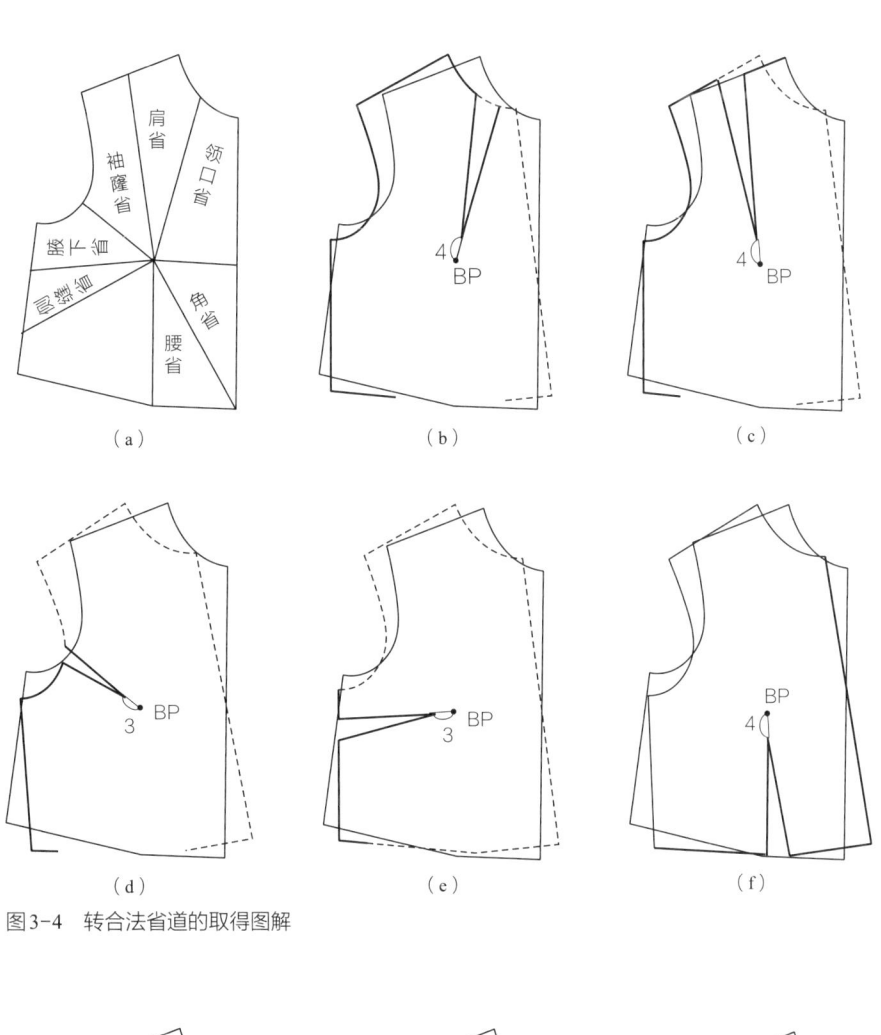

图3-4 转合法省道的取得图解

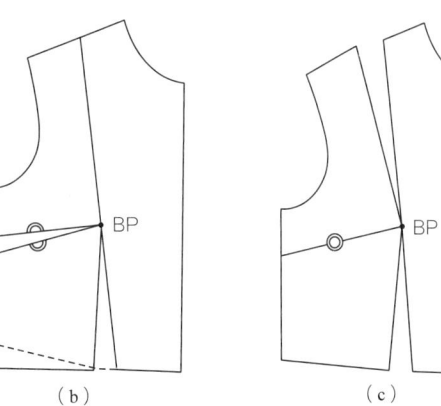

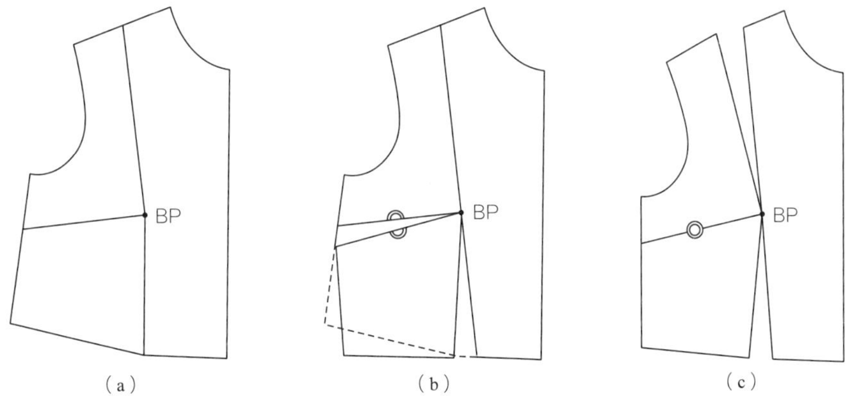

图3-5 剪接法省道的取得图解

道。直收法要求设计师必须要有较好的结构设计知识和制版经验。

2. 后片肩省的取得方法

人体的背部也不是规则的平面，比较突出的是两个肩胛骨突点，这就要求在进行后片结构设计时必须要考虑如何正确地设计后片肩省，使后片结构造型符合人体造型的需要，设计说明如下。

省的大小：省大为定数1.5cm，省长为定数8.5cm（女式160/84A）。

省的位置：自肩颈点沿着肩斜线侧移4.5cm确定一点，然后画斜线连接袖窿深线，如图3-6所示。

落肩：落肩加大0.7cm，因为缝合肩省后落肩将上提约0.7cm。

3. 连衣裙省道分析

从连衣裙造型上可以很直接地看到女子胸围、腰围、臀围三围的数据比例关系。三围的数据比例对于正确设计女装各部位省道、把握服装整体结构设计都有着决定性的作用。无论是紧身贴体装还是宽松式休闲装，在进行结构设计时都要求对三围的比例关系、数理概念有一定的掌握。如，女子160/84A，三围参值为：腰围68cm，胸围84cm（腰围68cm+16cm），臀围92cm（胸围84cm+8cm）。

连衣裙省道设计方法如图3-7所示。

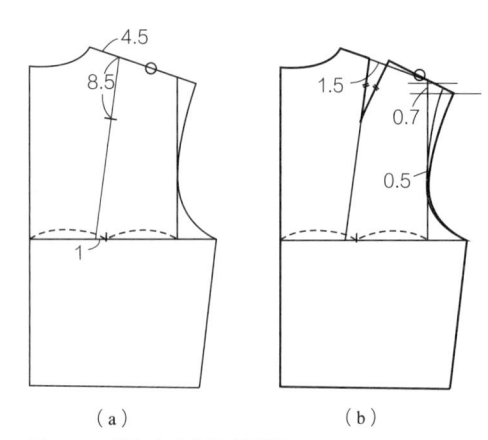

图3-6 后片肩省的取得图解

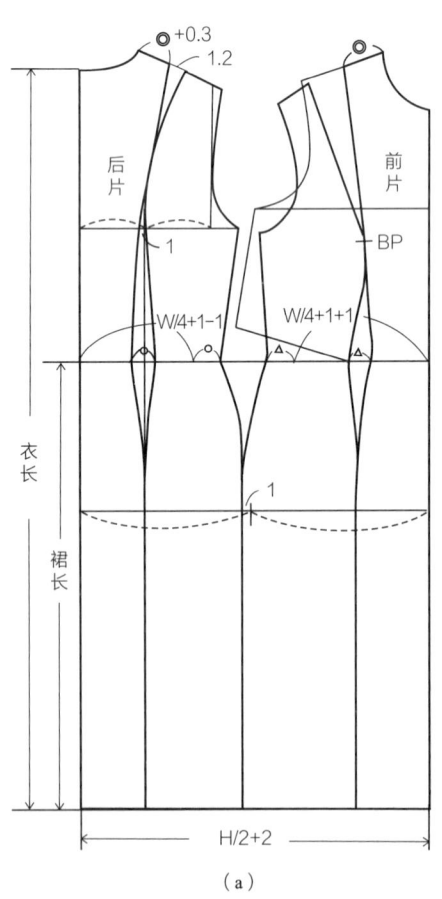

图3-7 连衣裙省道分析图

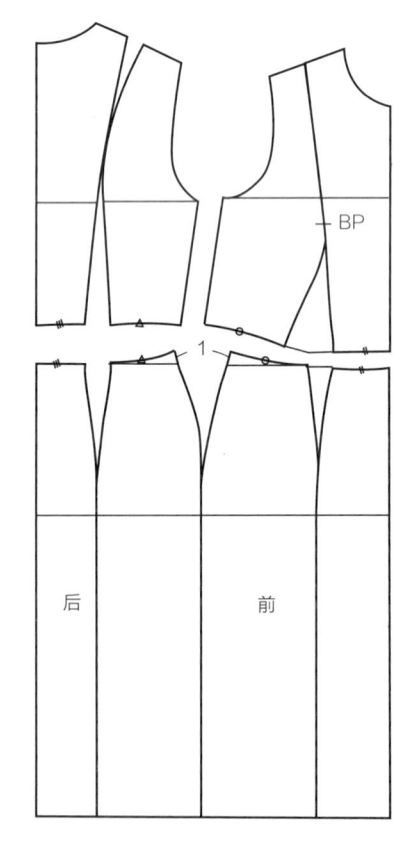

二、男装实用原型解析

男人体特点是肩宽、臀小、腰节偏低、胸部肌肉发达、颈粗，男装原型的设计就要与这些体型特征相吻合，以表现出男子体型健壮魁梧之风貌。

（一）衣片结构设计步骤（图3-8）

画基础线：在画纸下方画一条平行线①，然后以线①为基础线。

画背中线：在基础线的左侧垂直画一条直线②可作为背中线。

画前中线：自背中线向右量B/2画垂直线③即可确定前中线。

确定背长：根据背长的数值自基础线在背中线上画出背长即可。

画上平线：以背长线顶点为基点画一条①的平行线④可作为上平线。

确定袖窿深：自上平线向下量，袖窿深=B/6+7cm（7至10cm）。

画后领口：后领口宽=1/5领围-0.5cm，后领口深=1/3领宽（或定数2.5cm）。

画前领口：前领深=1/5领围+0.5cm，前领宽=1/5领围-0.5cm，然后画顺领口弧线。当画好领口弧线时，请实测量领口弧线（包括后领口长）的长度是否与领围的数值吻合，必要时可适当调整。请参阅图3-1画领口弧线。

确定前片肩端点：前落肩=约5.5cm（或=B/20+0.5cm，也可以2/3领宽+0.5cm，还可以用肩斜度19°来确定）。左右位置是自前中线向侧缝方向量1/2肩宽即可确定A点。

确定后片肩端点：后落肩=5cm（或=B/20，也可以2/3领宽，还可以用肩斜度18°来确定）。左右即横向位置是自背中线向侧缝方向量1/2肩宽+0.5cm，然后画垂直线，该垂直线与落肩线的交点B即肩端点。

确定前胸宽：前肩端点向前中线方向平行移约3cm画垂直线，即前胸宽线。

确定后背宽：后片肩端点向背中线方向平行移2cm画垂直线，即后背宽线。后背宽一般要比前胸宽大出约1cm。

画侧缝线（也叫摆缝线）：在B/2中点（袖窿深线上）画垂直线CD即可。

画顺领口弧线。

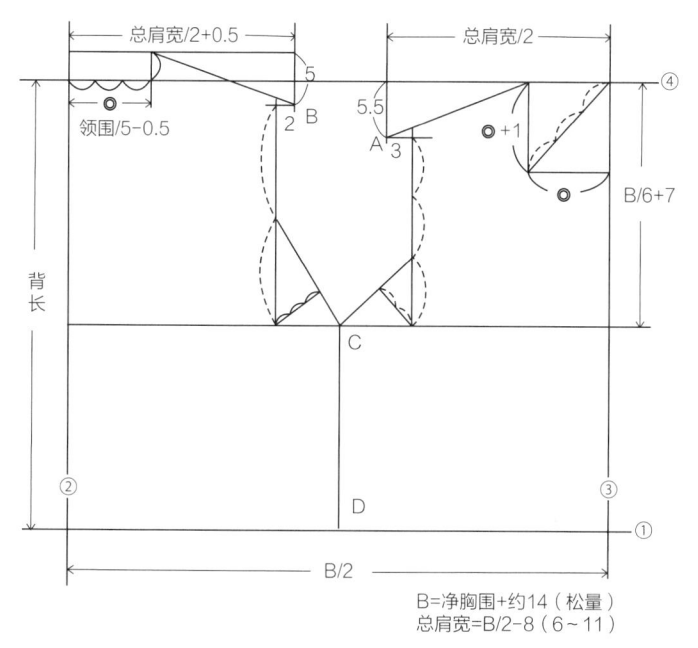

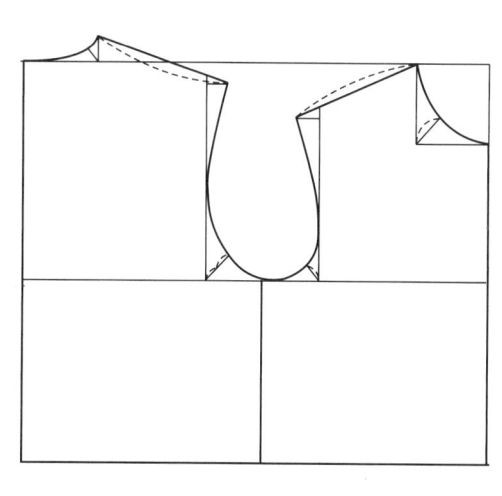

图3-8 男装实用原型衣片结构图解

画袖窿弧线：要求画顺弧线，弧线造型要标准，要符合人体造型。辅助点和线只是作为画弧线时的参考，在具体制图时要以整体为主，局部服从整体。特别要考虑胸围、肩宽、前胸宽、后背宽等数据的协调关系。

画腰节线。

（二）一片袖结构设计步骤

请参阅图3-2女装实用原型一片袖的设计方法。

第二节 服装标准净版版型

在服装生产中，衣服被分为净版和毛版两种版本，净版指的是没有缝份的衣版，而毛版指的是连缝份的衣版，是下一步裁剪和制作的最初依据。通过制作净版衣服，能够比对规定的大小尺寸及款式，确保成品衣服更加精确、完美。

打制裁剪样版的一般方法与程序是：首先，依照结构图净样轮廓，将其逐片拓绘在样版用纸上。然后，按各净样线条在周边加放出缝头、折边等所需宽度。最后，再连画成毛样轮廓线，在口袋、省道及其他应标位处剪口、钻孔。

一、女西服工业制版

女性西装首先讲求穿着要合体，要能突出女性的体型美，放松度要恰到好处；其次西装面料要选挺括、舒适、柔软的纯毛或化纤面料。西装的功能性主要体现在工种需要和穿着者感受上。合理的西服设计与材料运用，不仅能起到防护作用，提高安全性，更能使穿着者感觉舒适，从而提高工作效率。西装综合了材质、款式、色彩、结构和制作工艺等多方面的因素而呈现一种整体美。

下面介绍女西服的工业制版。女西服为基本款型、平驳领、三粒扣，如图3-9所示。

正面款式图　　　背面款式图

图3-9　女西服设计

（一）女西服款式说明及尺寸（表3-1）

表3-1　女西服成品尺寸表　　　　　　　　　　　　　　　　　　　　　　单位：cm

部位尺寸	号型及档差值					
	150/76A	155/80A	160/84A	165/88A	170/92A	档差值
衣长尺寸	62	64	66	68	70	2
腰节长尺寸	38	39	40	41	42	1
胸围尺寸	86	90	94	98	102	4
领围尺寸	38	39	40	41	42	1
肩宽尺寸	38	39	40	41	42	1
袖长尺寸	52	53.5	55	56.5	58	1.5
袖口围尺寸	28	29	30	31	32	1

（二）女西服母版纸样设计

女西服中间号型制图尺寸表，取中间号型160/84A，制图尺寸见表3-2。

表3-2　女西服中间号型制图尺寸表　　　　　　　　　　　　　　　　　　单位：cm

部位	衣长	腰节长	胸围（B）	领围（N）	肩宽（S）	袖长	袖口围
成品尺寸	66	40	94	40	40	55	30
缝缩量	1.5	1	2	1	1	1	1
制图尺寸	67.5	41	96	41	41	56	31

女西服中间号型结构制图如图3-10至图3-13所示。

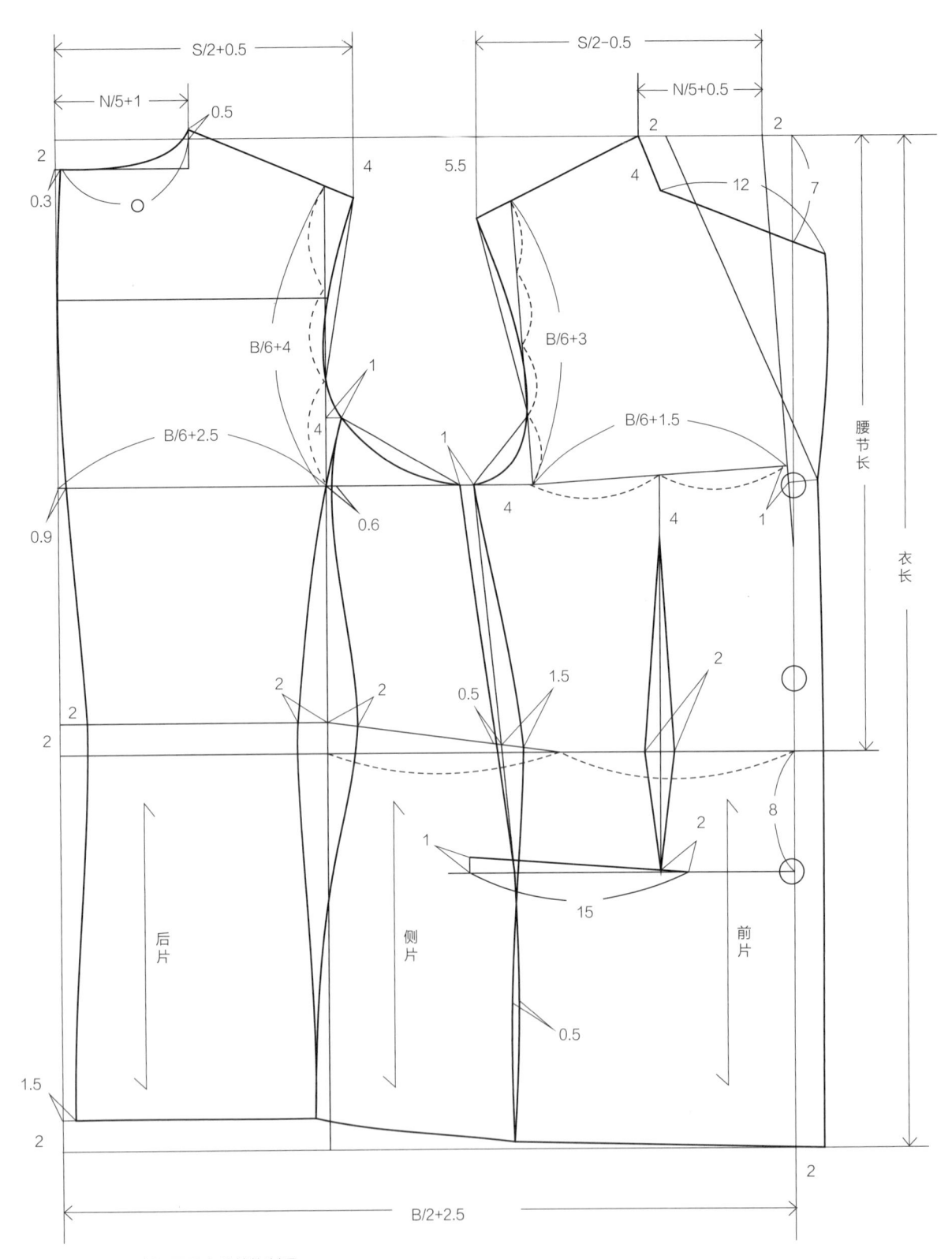

图3-10 女西服中间号型衣片结构制图

图3-11 女西装中间号型挂面结构制图

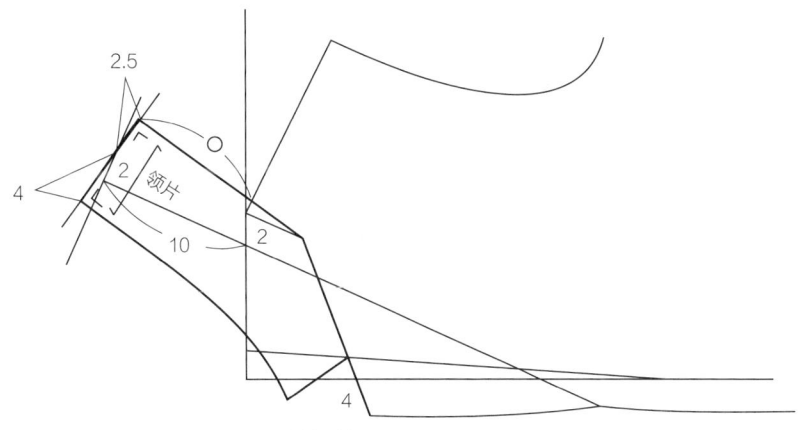

图3-12 女西服中间号型领子结构制图

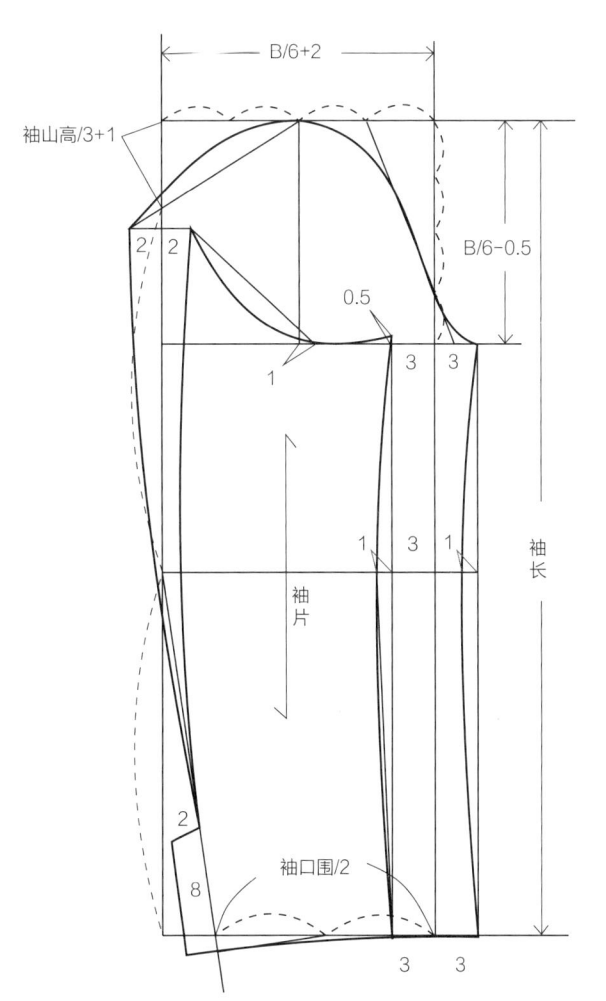

图3-13 女西服中间号型袖子结构制图

二、女衬衫工业制版

领、袖、口袋是女衬衫的细节部位,领最能突出表现人的面部,是成衣的重要部分。即使同样形态的领,改变其大小或装领位置也会产生不一样的效果。领型最主要是领口线的深浅、宽窄变化。领子有关门领、带底领、对衫领、敬领、立领、卷领、长方领、坦领、海军领、两用领、扎结领、大圆领、荷叶边领等不同种类。

下面介绍女衬衫的工业制版。女衬衫款式为常见的领座与翻领分裁的领型,短袖,腰部适当收省,如图3-14所示。

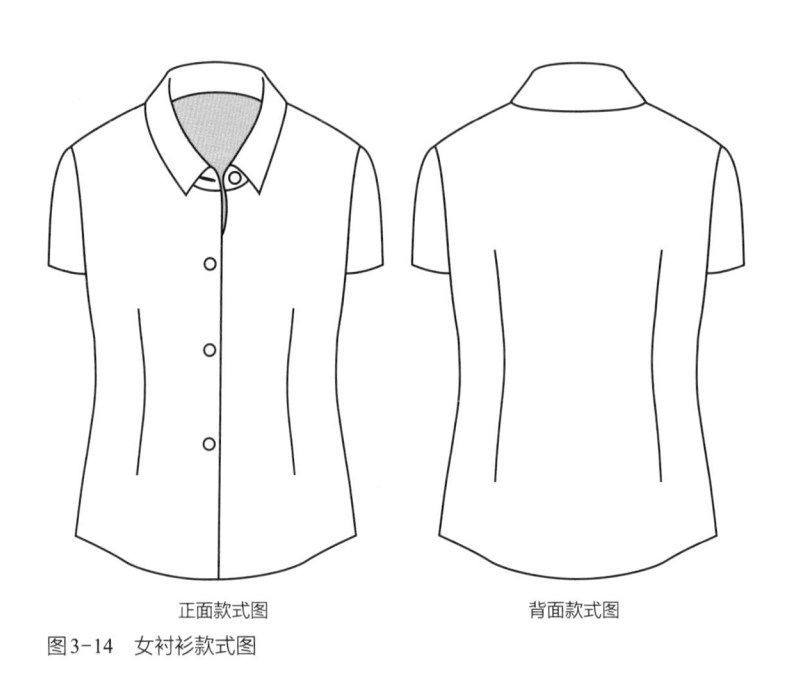

正面款式图　　背面款式图

图3-14　女衬衫款式图

(一)女衬衫款式说明及尺寸(表3-3)

表3-3　女衬衫成品尺寸表

部位尺寸	号型及档差值					档差值
	150/76A	155/80A	160/84A	165/88A	170/92A	
衣长尺寸	56	58	60	62	64	2
腰节长尺寸	37	38	39	40	41	1
胸围尺寸	86	90	94	98	102	4
领围尺寸	36	37	38	39	40	1
肩宽尺寸	37	38	39	40	41	1
袖长尺寸	16.4	17.2	18	18.8	19.6	0.8
袖口围尺寸	30.1	31.3	32.5	33.7	34.9	1.2

(二)女衬衫母版纸样设计

女衬衫中间号型制图尺寸表,取中间号型为160/84A,制图尺寸见表3-4。

表3-4 女衬衫中间号型制图尺寸表　　　　　　　　　　　　　　　　单位：cm

部位	衣长	腰节长	胸围（B）	领围（N）	肩宽（S）	袖长	袖口围
成品尺寸	60	39	94	38	39	18	32.5
缝缩量	1.5	1	2	1	1	0.5	0.7
制图尺寸	61.5	40	96	39	40	18.5	33.2

女衬衫中间号型结构制图如图3-15至图3-18所示。

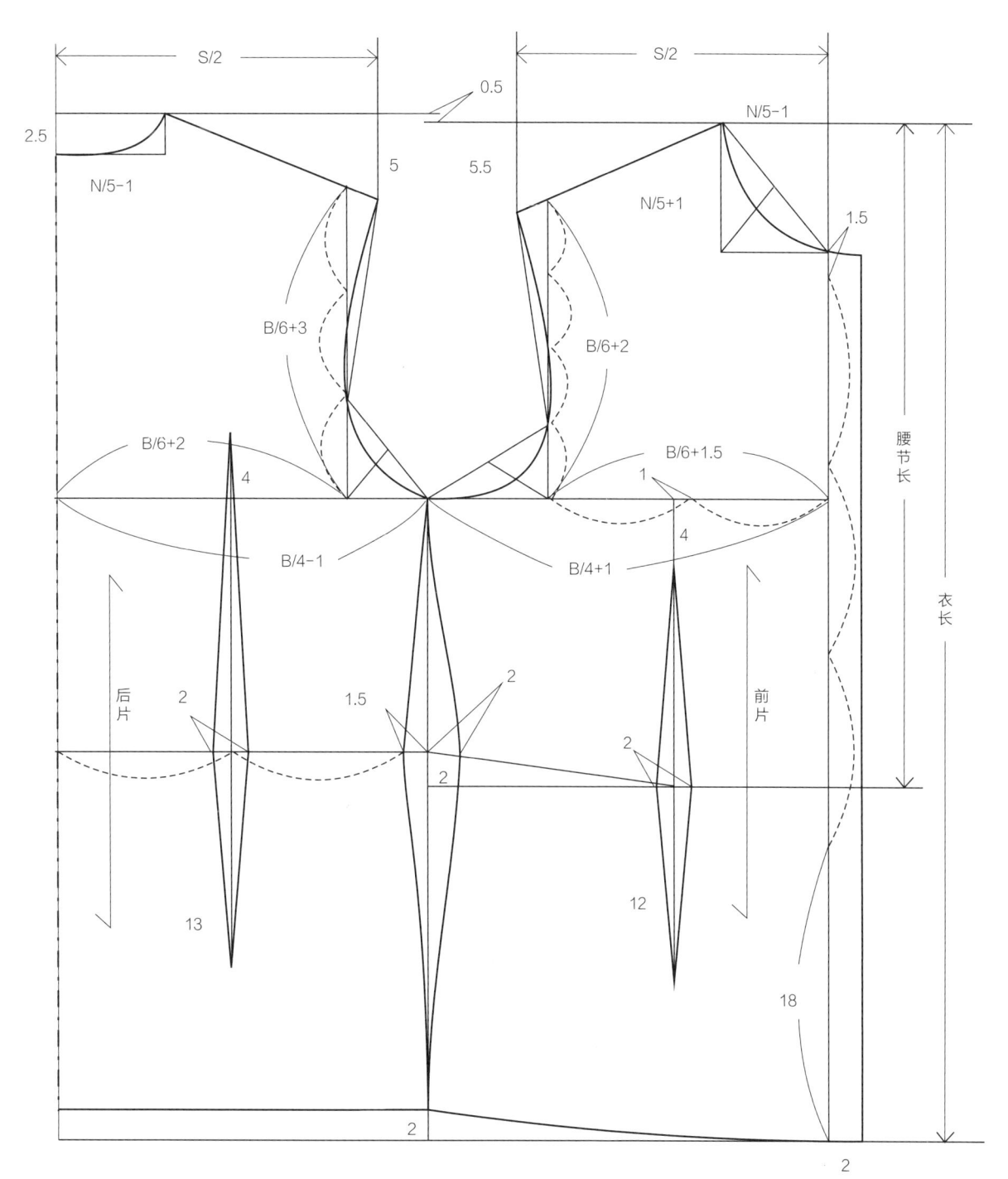

图3-15 女衬衫中间号型衣片结构制图

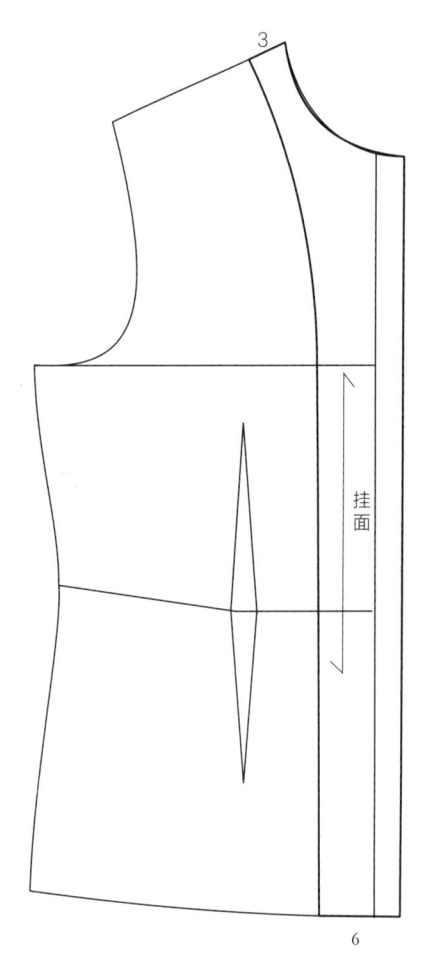

图3-16 女衬衫中间号型挂面结构制图

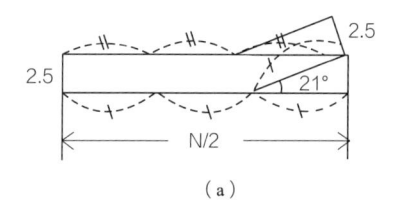

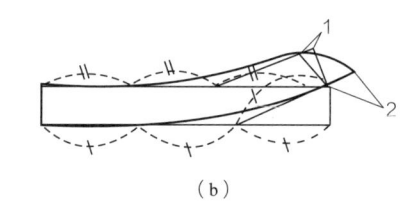

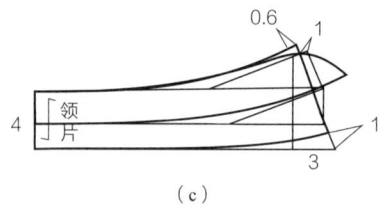

图3-17 女衬衫中间号型领子结构制图

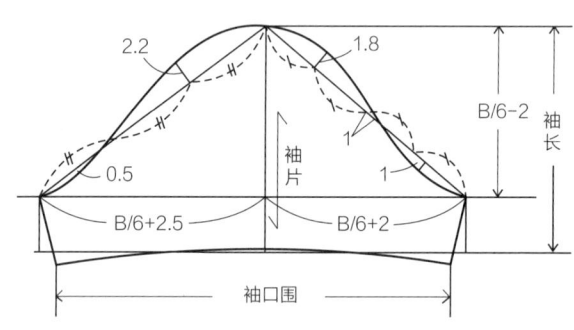

图3-18 女衬衫中间号型袖子结构制图

三、女裤工业制版

女裤是女性下身装的一种，包覆人体腰围以下部位，有裤管、侧缝，穿分前、后，能使行走活动更方便。女裤的种类很多，按照长短分为长裤、八分裤、中裤、短裤、超短裤，按照肥瘦分为体形裤、锥裤、直筒裤、喇叭裤、灯笼裤、裙裤，按照与上装配套而得名还分为西装裤、马裤、健美裤等。裤子无论如何分类，在款式造型上主要分为H形、Y形、A形和O形四种。在其内部结构设计上主要着眼于腰部、口袋、侧缝与脚口，常常采用褶裥、育克、分割、扉边等手法来丰富裤子的结构设计内容。

下面介绍女裤的工业制版。女裤款式为斜插袋，前片腰省采用活褶，裤口收褶，腰线以下造型有适当的蓬松感，如图3-19所示。

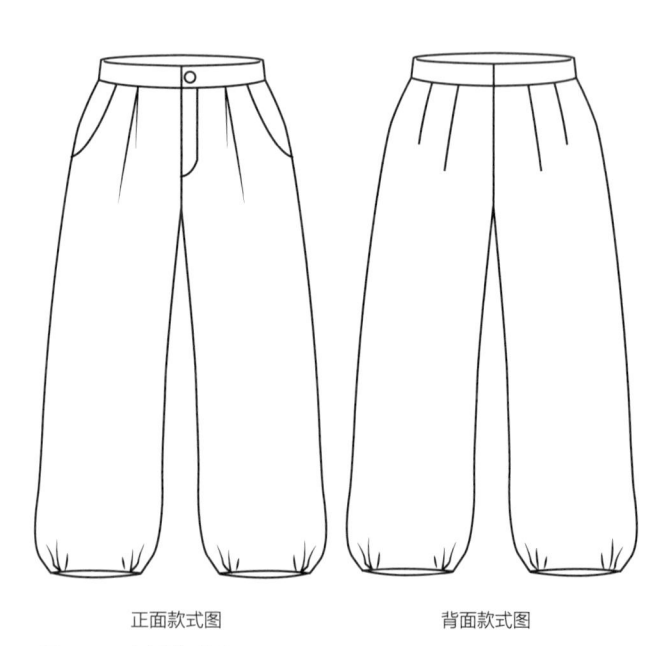

正面款式图　　背面款式图

图3-19 女裤款式图

（一）女裤款式说明及尺寸（表3-5）

表3-5 女裤成品尺寸表　　　　　　　　　　　　　　　　　　　　　　　单位：cm

部位尺寸	号型及档差值					
	150/64A	155/66A	160/68A	165/70A	170/72A	档差值
裤长尺寸	94	97	100	103	106	3
腰围尺寸	66	68	70	72	74	2
臀围尺寸	94	96	98	100	102	2
裤口围尺寸	46	47	48	49	50	1

（二）女裤母版纸样设计

女裤中间号型制图尺寸表，取中间号型为160/68A，制图尺寸见表3-6。

表3-6 女裤中间号型制图尺寸表　　　　　　　　　　　　　　　　　单位：cm

部位	裤长	腰围（W）	臀围（H）	裤口围
成品尺寸	100	70	98	48
缝缩量	2	1.5	2	1
制图尺寸	102	71.5	100	49

女裤中间号型结构制图如图3-20、图3-21所示。

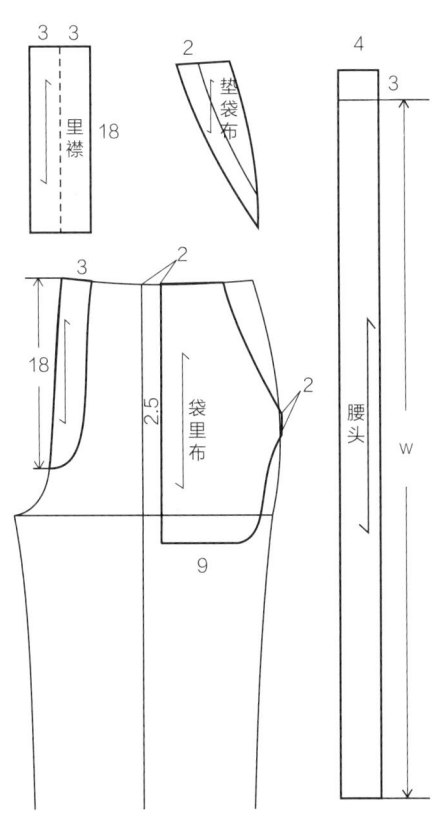

图3-20 女裤中间号型零部件结构制图

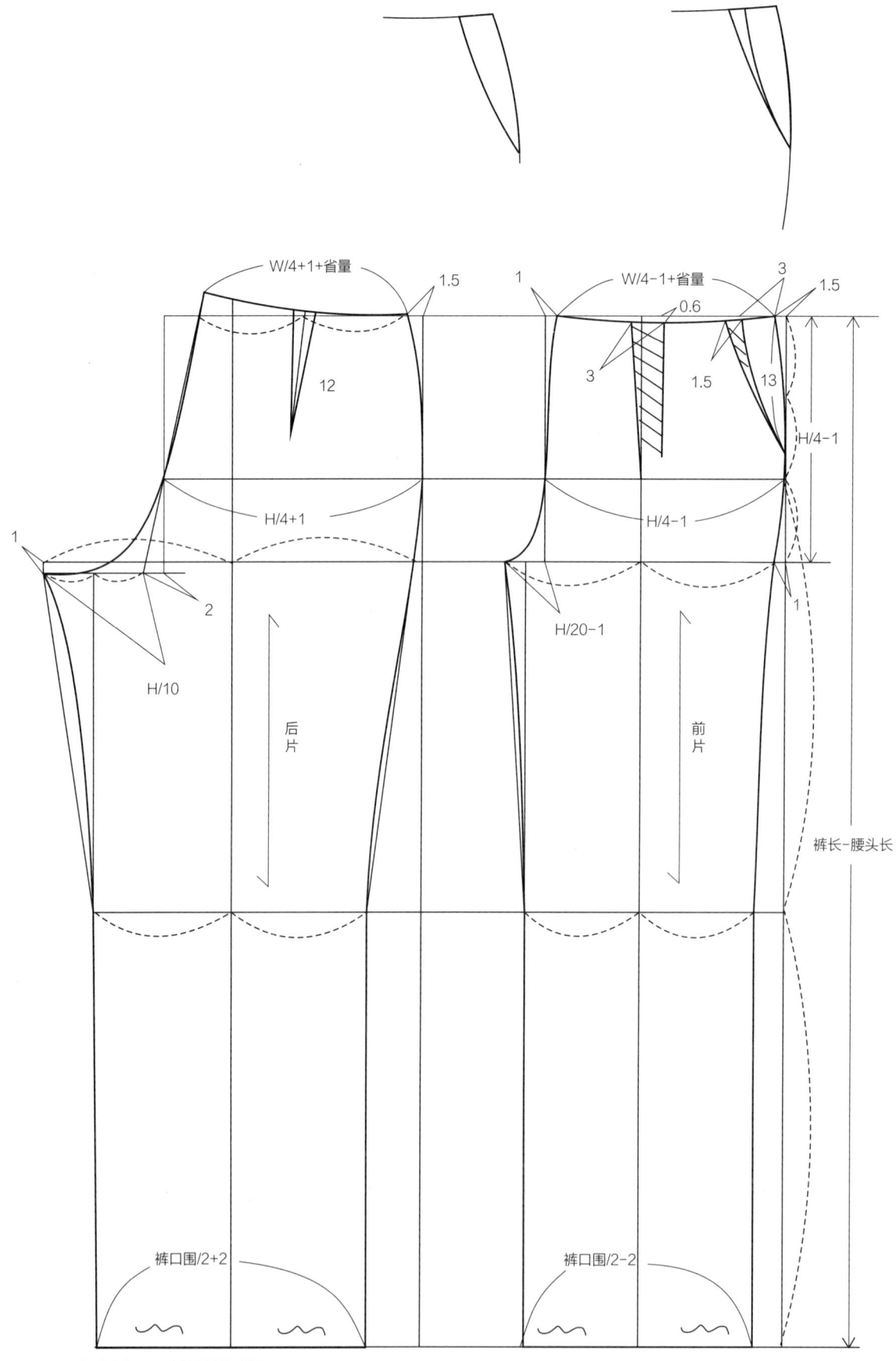

图3-21 女裤中间号型裤片结构制图

四、旗袍工业制版

旗袍款式种类繁多，合身的旗袍款式对女性的身材起到衬托、修饰的作用。旗袍的开襟通常有七种，包括单襟、双襟、直襟、斜襟、琵琶襟、曲襟以及无襟。常见的领型有七种样式，包括传统立领、企鹅领、凤仙领、无领、水滴领、竹叶领、马蹄领。袖型大致可分为无袖、削肩袖、短袖、七分袖、八分袖、长袖、窄袖、小喇叭袖、大喇叭袖、马蹄袖等。

下面介绍旗袍的工业制版。旗袍款式为短袖，右斜襟，中式盘扣，收腰，收后肩省，侧开衩，衣长至小腿，整体风格古典、优雅，极富东方神韵，如图3-22所示。

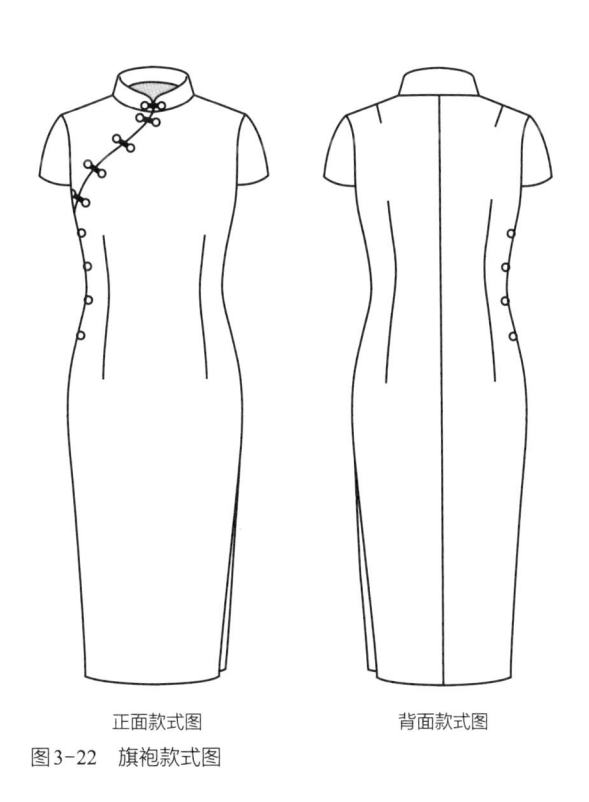

正面款式图　　背面款式图

图3-22　旗袍款式图

（一）旗袍款式说明及尺寸（表3-7）

表3-7　旗袍成品尺寸表　　　　　　　　单位：cm

部位尺寸	号型及档差值					档差值
	150/76A	155/80A	160/84A	165/88A	170/92A	
衣长尺寸	108	112	116	120	124	4
腰节长尺寸	37	38	39	40	41	1
胸围尺寸	84	88	92	96	100	4
腰围尺寸	64	68	72	76	80	4
臀围尺寸	86	90	94	98	102	4
领围尺寸	34	35	36	37	38	1
肩宽尺寸	38	39	40	41	42	1
袖长尺寸	18.4	19.2	20	20.8	21.6	0.8
袖口围尺寸	30.6	31.8	33	34.2	35.4	1.2

（二）旗袍母版纸样设计

表3-8　旗袍中间号型制图尺寸表　　　　　　　　　　　　　　　　单位：cm

部位	衣长	腰节长	胸围（B）	腰围	臀围	领围（N）	肩宽（S）	袖长	袖口围
成品尺寸	116	39	92	72	94	36	40	20	33
缩缝量	2.5	1	2	1.5	2	1	1	0.5	1
制图尺寸	118.5	40	94	73.5	96	37	41	20.5	34

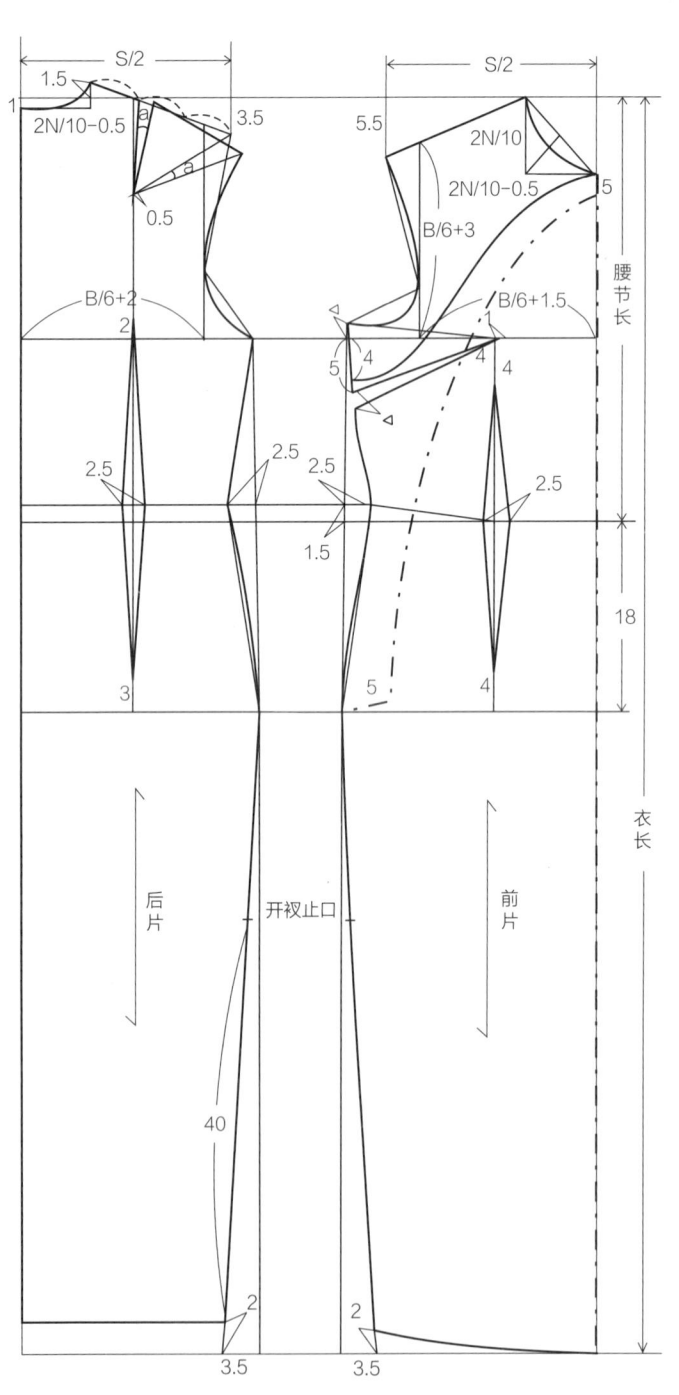

旗袍中间号型结构制图如图3-23至图3-25所示。

图3-23　旗袍中间号型衣片结构制图

图3-24　旗袍中间号型领子结构制图

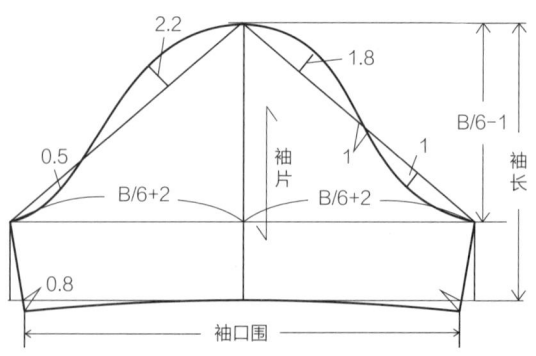

图3-25　旗袍中间号型袖子结构制图

五、女大衣工业制版

女大衣千姿百态，例如宽驳领、双排扣、贴袋"H"型大衣，可选用较厚的粗花呢麦尔登制作，领、翻袖口用深色料镶拼，小圆角的袋盖，袋底及袖翻叉口。适于女性日常上班、休闲时穿着。

下面介绍女大衣的工业制版。女大衣款式为四开身，双排扣，贴袋，开关领，两片袖，袖口装袖襻，适当收腰，整体风格优雅大方，如图3-26所示。

（一）女大衣款式说明及尺寸（表3-9）

正面款式图　　背面款式图
图3-26　女大衣款式图

表3-9　女大衣成品尺寸表　　单位：cm

部位尺寸	号型及档差值					
	150/76A	155/80A	160/84A	165/88A	170/92A	档差值
衣长尺寸	75	77.5	80	82.5	85	2.5
腰节长尺寸	38	39	40	41	42	1
胸围尺寸	92	96	100	104	108	4
领围尺寸	38	39	40	41	42	1
肩宽尺寸	38	39	40	41	42	1
袖长尺寸	53	54.5	56	57.5	59	1.5
袖口围尺寸	28	29	30	31	32	1

（二）女大衣母版纸样设计

女大衣中间号型制图尺寸表，取中间号型为160/84A，制图尺寸见表3-10。

表3-10　女大衣中间号型制图尺寸表　　单位：cm

部位	衣长	腰节长	胸围（B）	领围（N）	肩宽（S）	袖长	袖口围
成品尺寸	80	40	100	40	40	56	30
缝缩量	1.8	1	2	1	1	1.2	1
制图尺寸	81.8	41	102	41	41	57.2	31

女大衣中间号型结构制图如图3-27至图3-30所示。

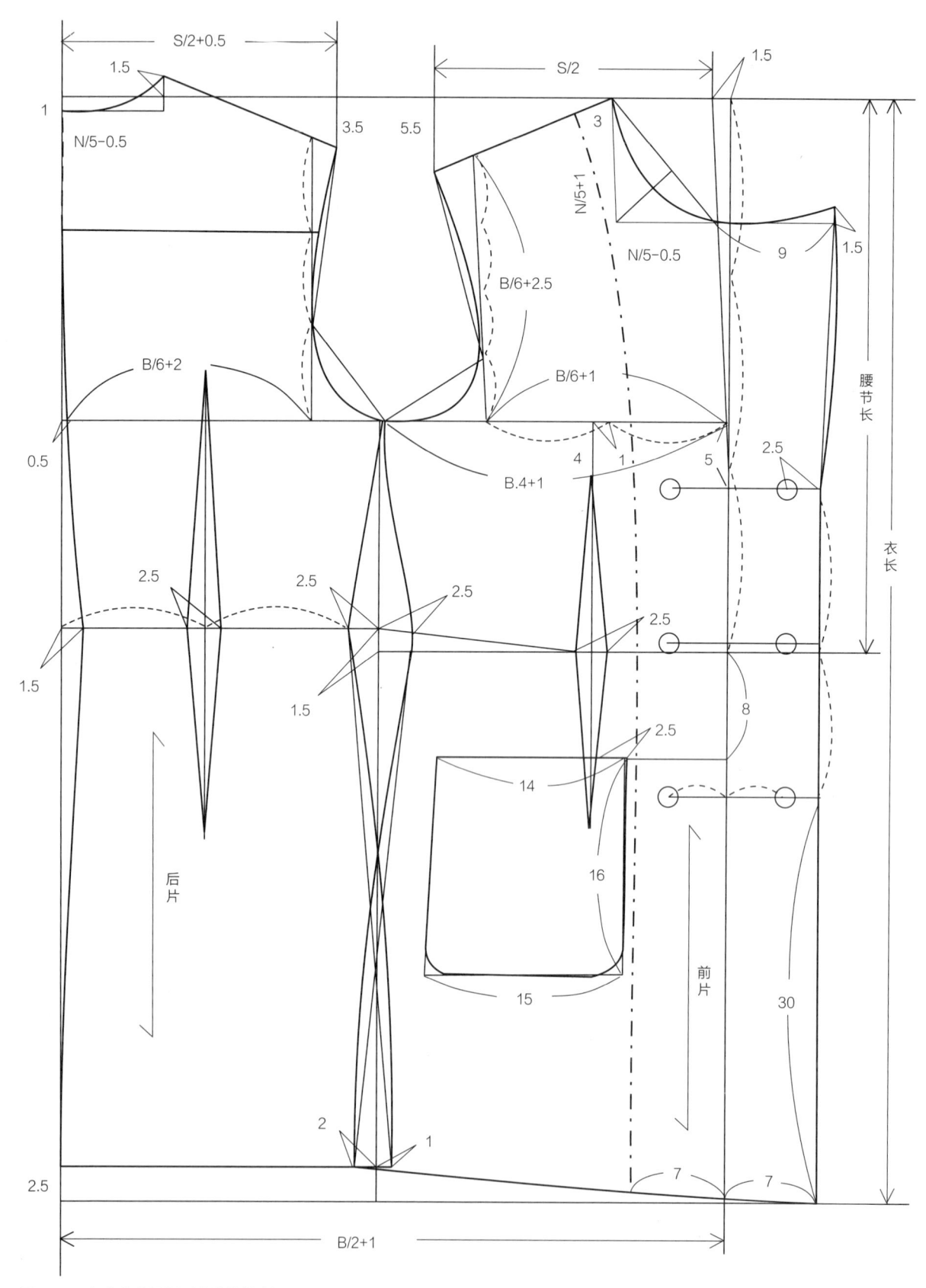

图3-27 女大衣中间号型衣片结构制图

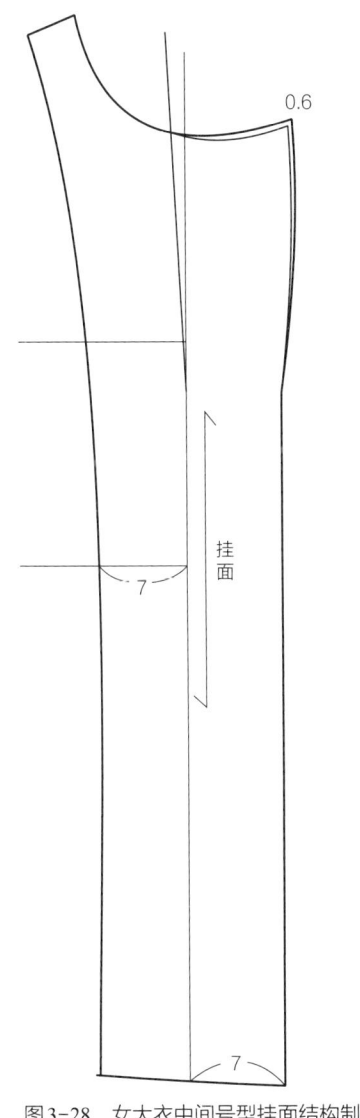

图3-28 女大衣中间号型挂面结构制图

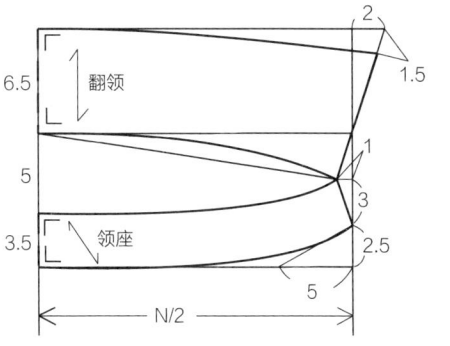

图3-29 女大衣中间号型领子结构制图

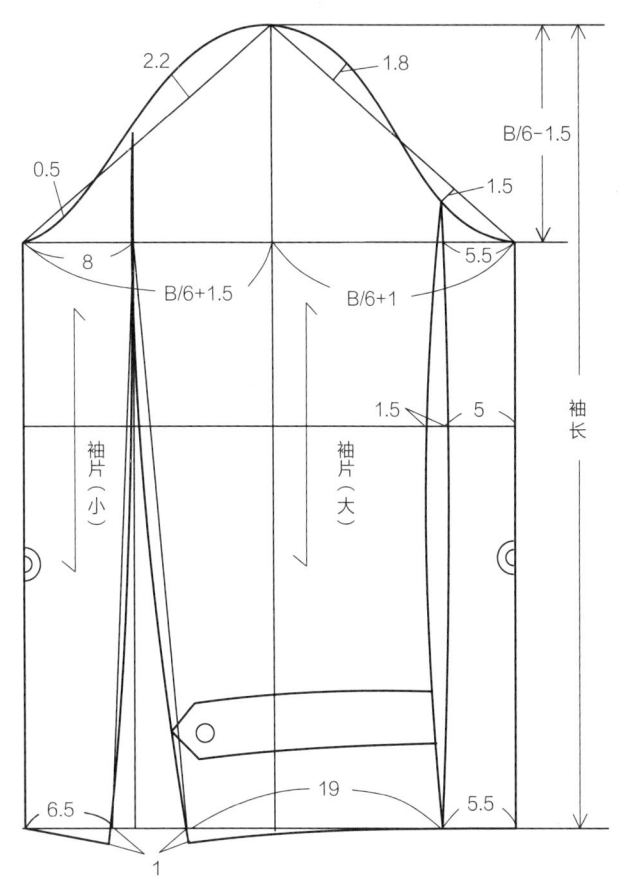

图3-30 女大衣中间号型袖子结构制图

六、男西服工业制版

西装广义指西式服装，是相对于"中式服装"而言的欧系服装。狭义指西式上装或西式套装。西装通常是公司企业从业人员、政府机关从业人员在较为正式的场合男士着装的一个首选。西装之所以长盛不衰，很重要的原因是它拥有深厚的文化内涵，主流的西装文化常常被人们打上"有文化、有教养、有绅士风度、有权威感"等标签。

西装一直是男性服装代表之一，"西装革履"常用来形容文质彬彬的绅士俊男。西装的主要特点是外观挺括、线条流畅、穿着舒适，若配上领带或领结后，则更显得高雅。

下面介绍男西服的工业制版。男西服款式为三开身结构，平驳领，两粒扣，有袋盖口袋，左前胸单开线挖袋，袖口三粒扣，如图3-31所示。

正面款式图　　　　　　　　　背面款式图

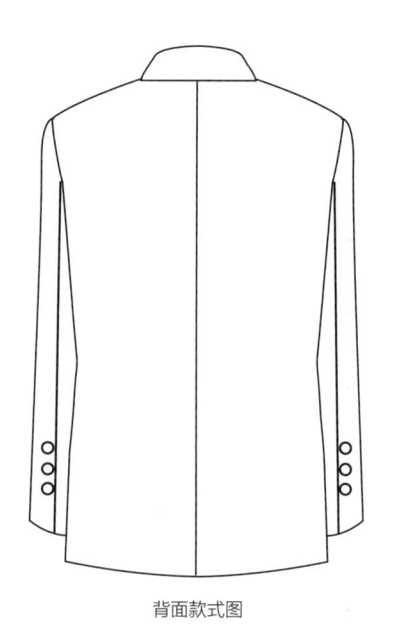

图3-31　男西服款式图

（一）男西服款式规格尺寸（表3-11）

表3-11　男西服成品尺寸表

单位：cm

部位尺寸	号型及档差值					档差值
	160/80A	165/84A	170/88A	175/92A	180/96A	
衣长尺寸	70	72	74	76	78	2
腰节长尺寸	40	41	42	43	44	1
胸围尺寸	98	102	106	110	114	4
领围尺寸	43	44	45	46	47	1
肩宽尺寸	43.6	44.8	46	47.2	48.4	1.2
袖长尺寸	56	57.5	59	60.5	62	1.5
袖口围尺寸	28	29	30	31	32	1

（二）男西服母版纸样设计

男西服中间号型制图尺寸表，取中间号型为170/88A，制图尺寸见表3-12。

表3-12　男西服中间号型制图尺寸表

单位：cm

部位	衣长	腰节长	胸围（B）	领围（N）	肩宽（S）	袖长	袖口围
成品尺寸	74	42	106	45	46	59	30
缝缩量	1.5	1	2	1	1	1	0.5
制图尺寸	75.5	43	108	46	47	60	30.5

男西服中间号型结构制图如图3-32至图3-35所示。

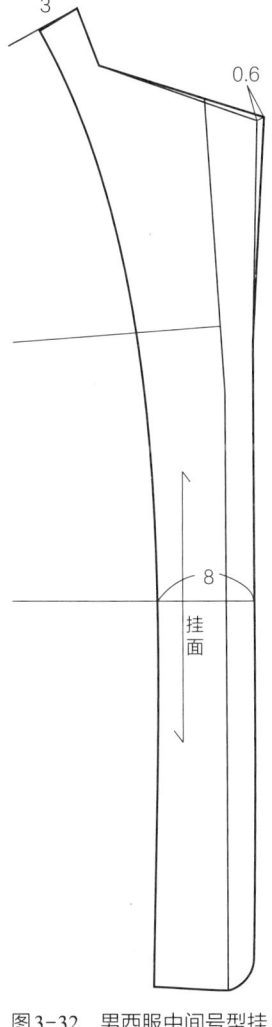

图 3-32 男西服中间号型挂面结构制图

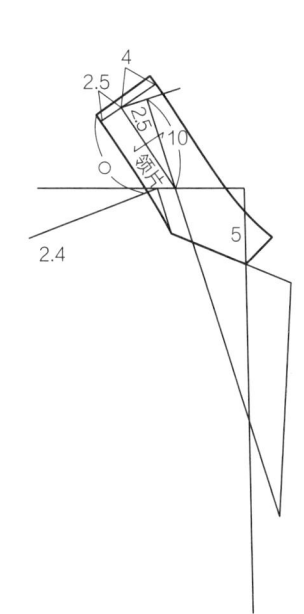

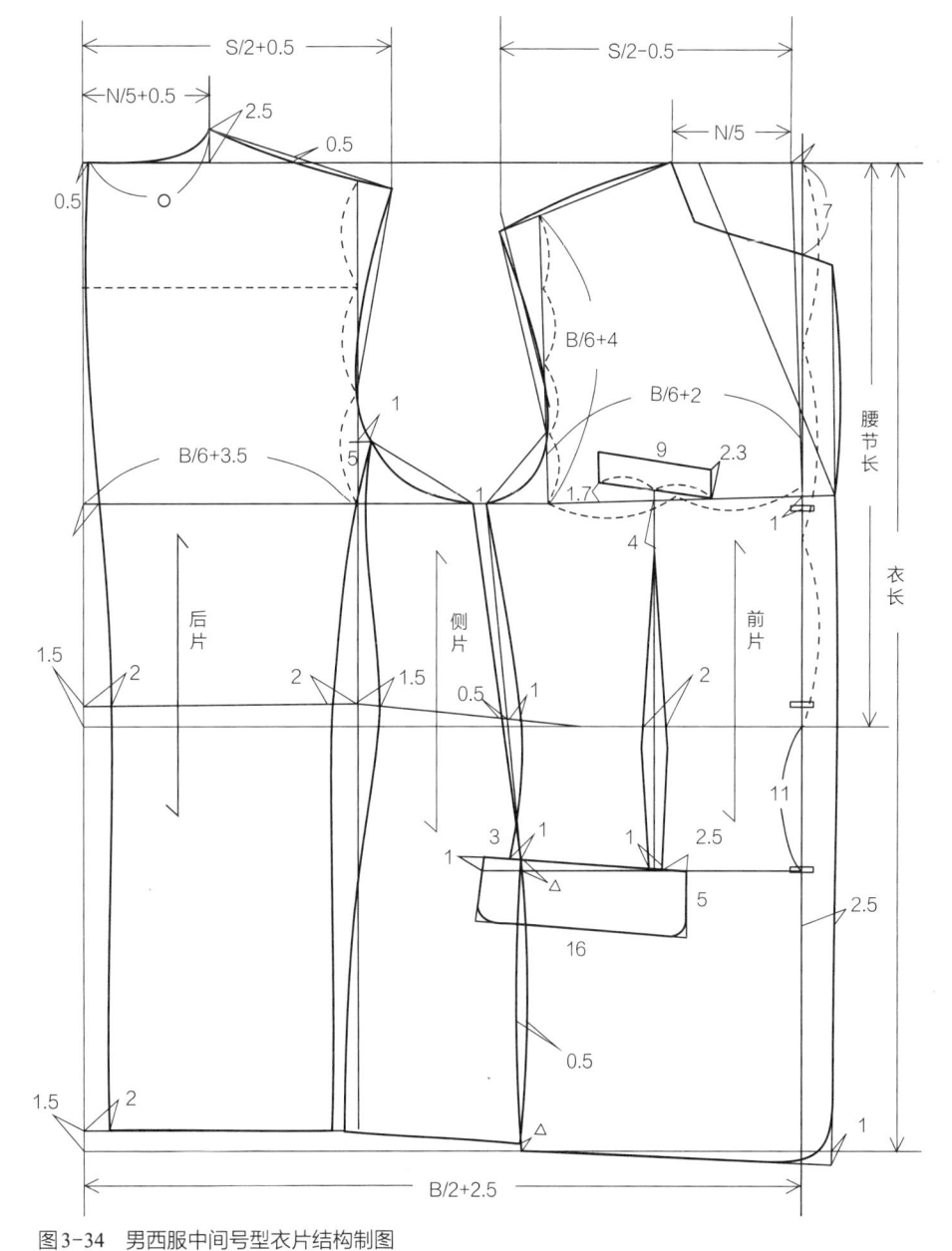

图 3-33 男西服中间号型领子结构制图

图 3-34 男西服中间号型衣片结构制图

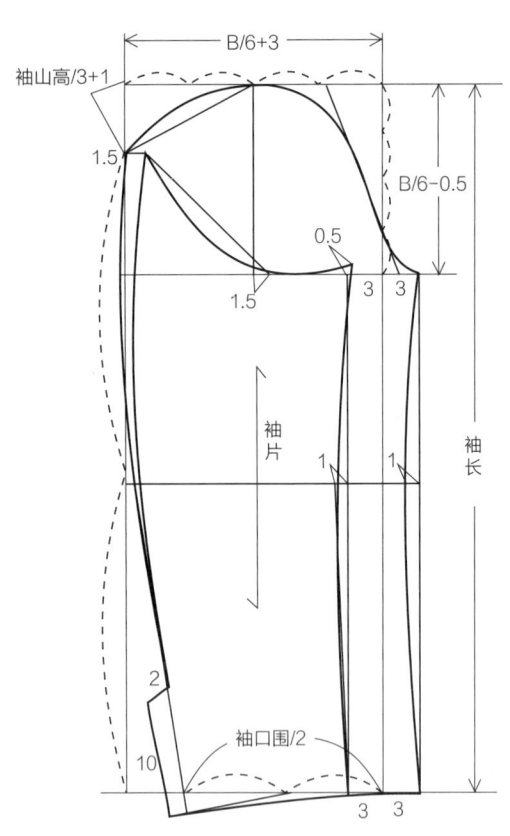

图3-35 男西服中间号型袖子结构制图

七、男衬衫工业制版

男衬衫在其长时间的进化和改良过程中深受各地的历史文化、生活习惯所影响，形成了现在款式繁多的局面。比如欧洲人有着深厚的贵族传统，对于穿着特别讲究，有着法式双叠袖、修身裁剪、加高方领等特点的法式衬衫备受欧洲贵族绅士的推崇。而美国深受平民文化的影响，衬衫样式宽松，不讲究剪裁，往往还采用纽扣来固定领尖，虽然避免了领子翘起，但这种简单的处理方法显得不够精致和考究。

下面介绍普通经典男衬衫的工业制版。男衬衫款式为翻立领，左胸贴袋，过肩设计，后背两褶，袖开衩，如图3-36所示。

（一）男衬衫款式说明及尺寸（表3-13）

图3-36 男衬衫款式图

表3-13 男衬衫成品尺寸表　　　　　　　　　　　　　　单位：cm

部位尺寸	号型及档差值					
	160/80A	165/84A	170/88A	175/92A	180/96A	档差值
衣长尺寸	68	70	72	74	76	2
胸围尺寸	102	106	110	114	118	4
领围尺寸	38	39	40	41	42	1
肩宽尺寸	43.6	44.8	46	47.2	48.4	1.2

续表

部位尺寸	号型及档差值					
	160/80A	165/84A	170/88A	175/92A	180/96A	档差值
袖长尺寸	55	56.5	58	59.5	61	1.5
袖口围尺寸	22	23	24	25	26	1

（二）男衬衫母版纸样设计

中间号型制图尺寸表，取中间号型为170/88A，制图尺寸见表3-14。

表3-14 男衬衫中间号型制图尺寸表　　　　　　　　单位：cm

部位	衣长	胸围（B）	领围（N）	肩宽（S）	袖长	袖口围
成品尺寸	72	110	40	46	58	24
缝缩量	1.5	2	1	1	1	0.5
制图尺寸	73.5	112	41	47	59	24.5

男衬衫中间号型结构制图见图3-37至图3-40所示。

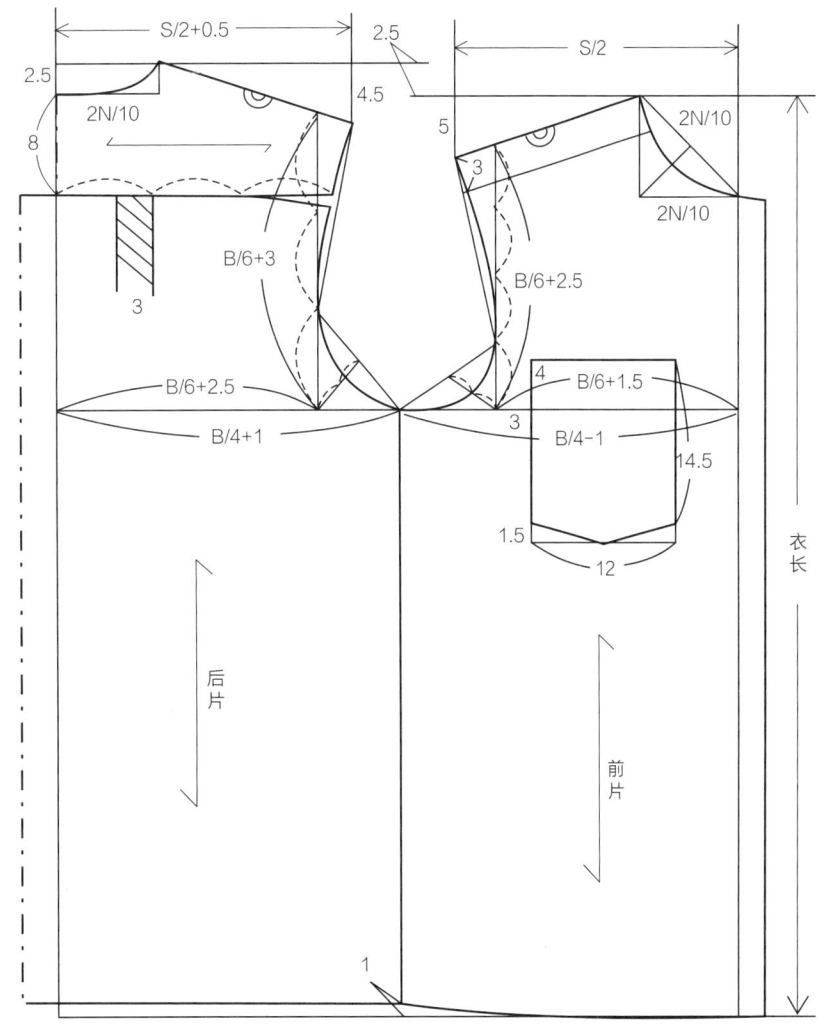

图3-37　男衬衫中间号型衣片结构制图

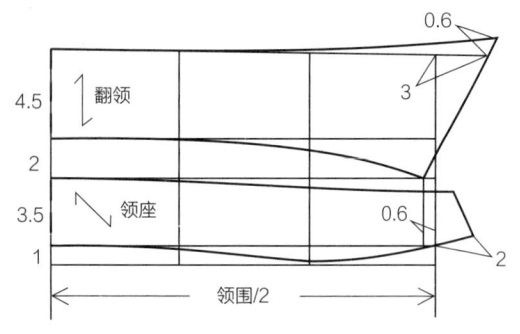

图3-38 男衬衫中间号型领子结构制图

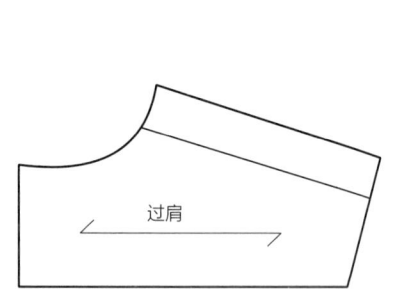

图3-39 男衬衫中间号型过肩结构制图

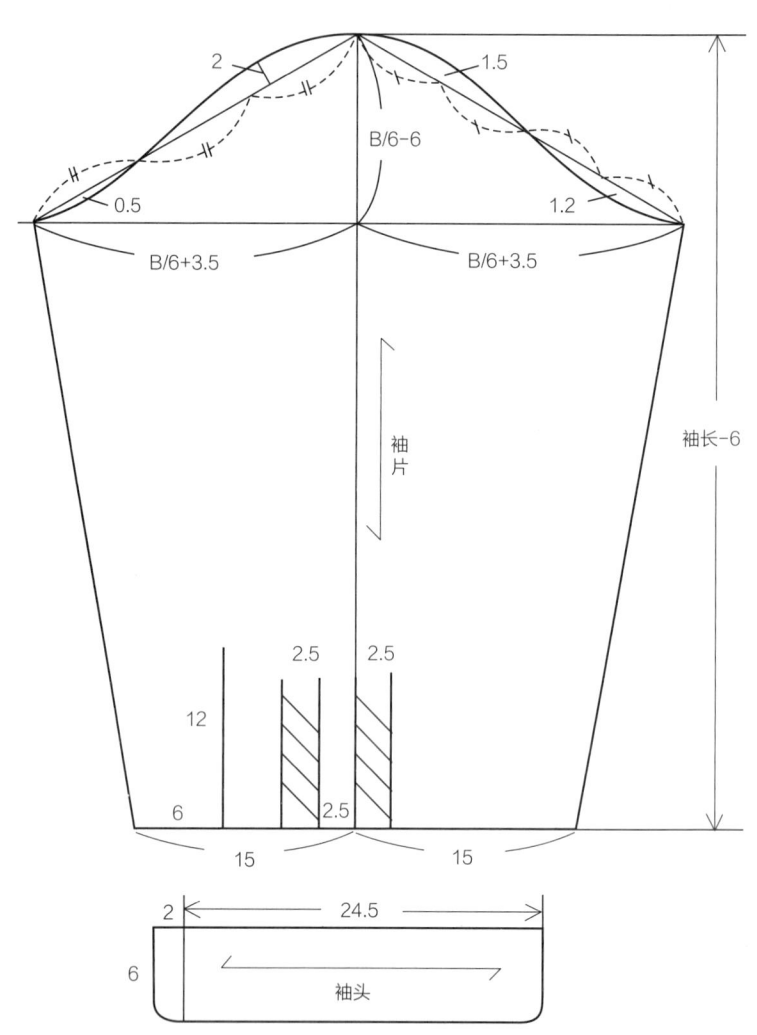

图3-40 男衬衫中间号型袖子结构制图

八、男西裤工业制版

正装西裤又称职场西裤，也是日常穿着率最高的西裤。因为工作或者商务场合的需要，所以它们的设计一般中规中矩。多采用颜色为纯色、深色的面料，或者带一些涤纶丝细条纹装饰的面料。西裤有一个最大的特点，就是可以修饰腿型。一般正装西裤冬天采用羊毛面料，夏天为了带来凉爽的感觉，会在羊毛中加入少量的丝绸。正装西裤制作考究，一般会采用包边或者法式双缝线缝边。

下面介绍男西裤的工业制版。男西裤款式为前片斜插袋，后片双开线袋。此款式为经典款式，如图3-41所示。

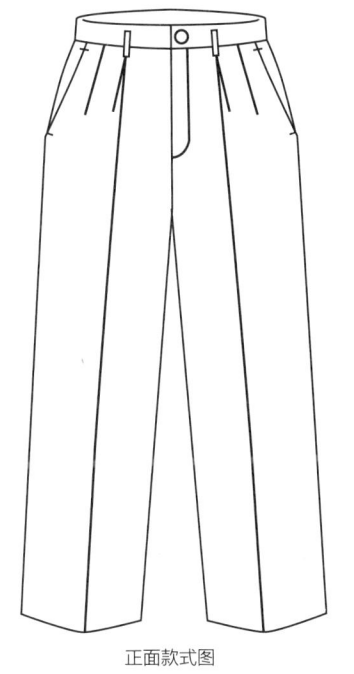

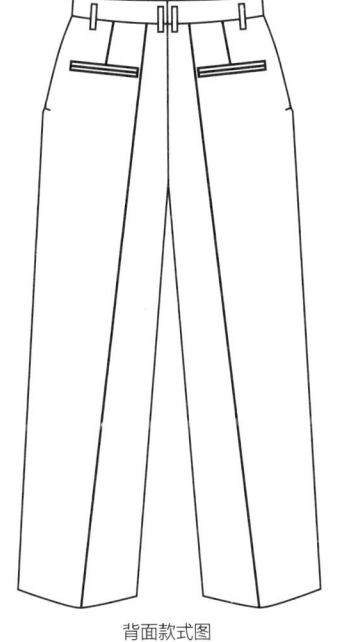

图3-41 男西裤款式图

正面款式图　　　背面款式图

（一）男西裤款式说明及尺寸（表3-15）

表3-15 男西裤成品尺寸表　　　　　　　　　　　　单位：cm

部位尺寸	号型及档差值					档差值
	160/70A	165/72A	170/74A	175/76A	180/78A	
裤长尺寸	97	100	103	106	109	3
腰围尺寸	72	74	76	78	80	2
臀围尺寸	98	100	102	104	106	2
上裆长尺寸	28	28.5	29	29.5	30	0.5
裤口围尺寸	44	45	46	47	48	1

（二）男西裤母版纸样设计

中间号型制图尺寸表，取中间号型为170/74A，制图尺寸见表3-16。

表3-16 男西裤中间号型制图尺寸表　　　　　　　　单位：cm

部位	裤长	腰围（W）	臀围（H）	裤口宽
成品尺寸	103	76	102	23
缝缩量	2	1.5	2	0.5
制图尺寸	105	77.5	104	23.5

男西裤中间号型结构制图如图3-42、图3-43所示。

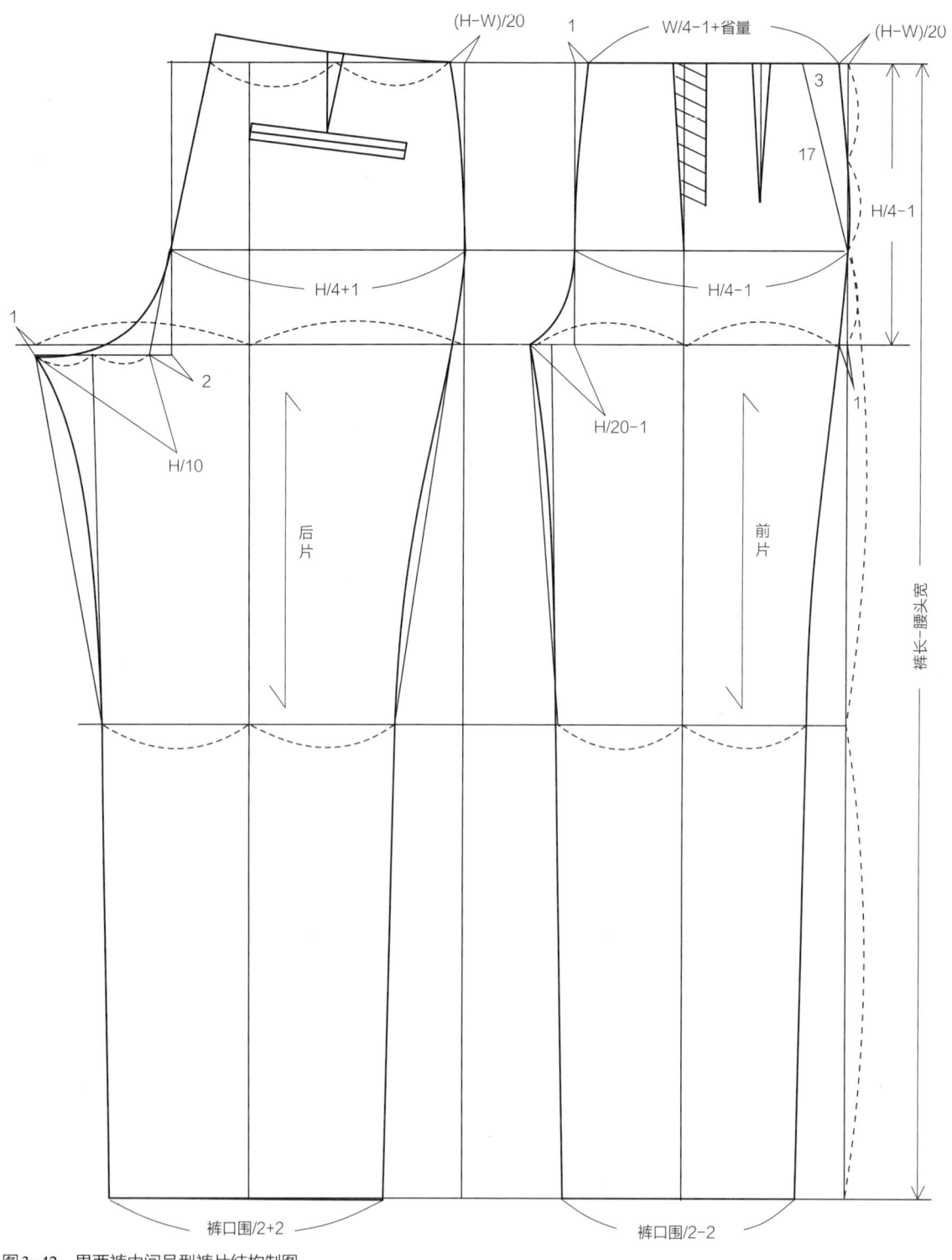

图3-42 男西裤中间号型裤片结构制图

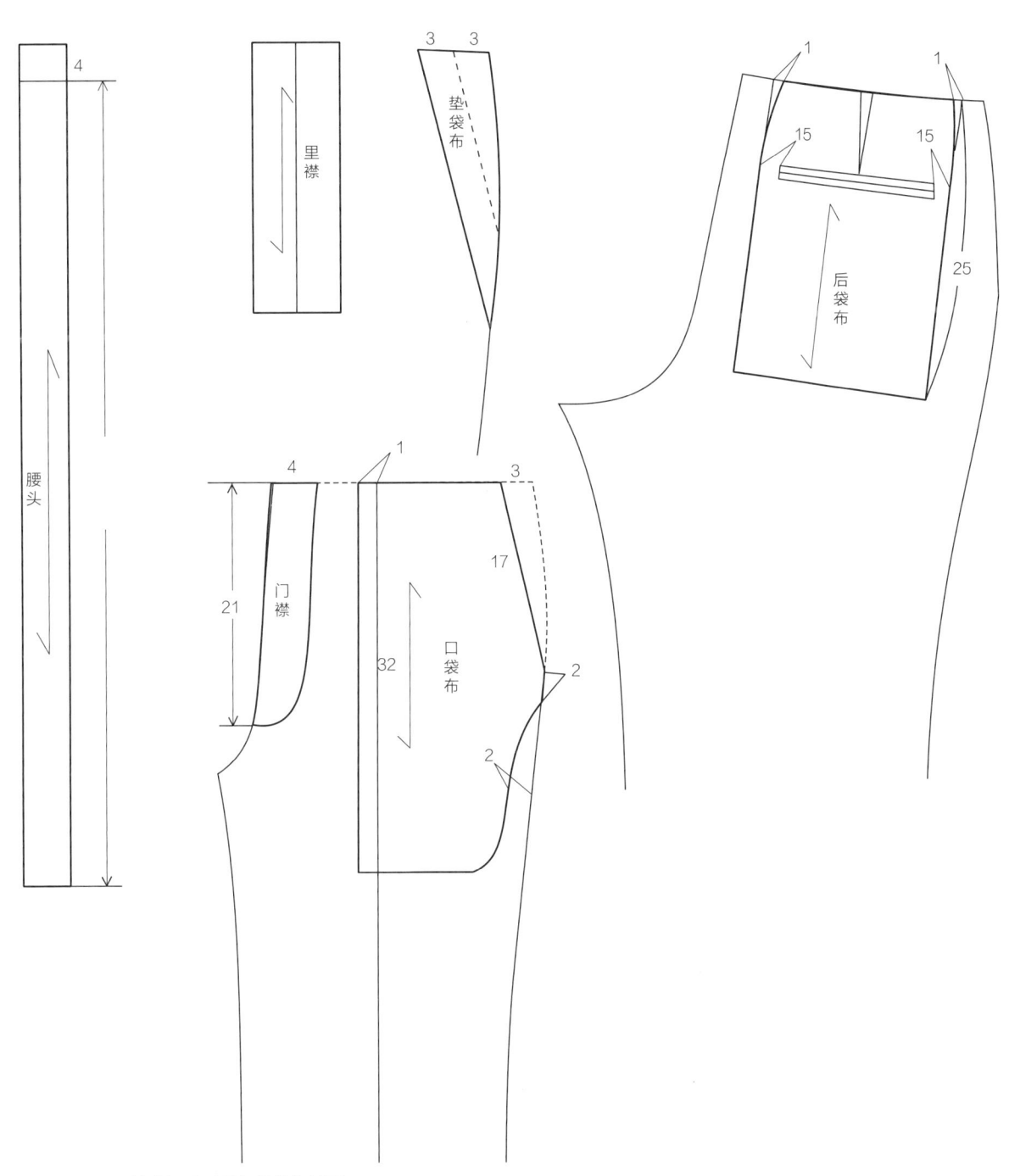

图3-43 男西裤中间号型零部件结构制图

九、男大衣工业制版

大衣是穿在所有衣服之外的一种服装，根据不同地域及不同季节在外面穿上不同的外套，既合时宜又显得时髦。大衣按长短分短大衣、长大衣、中长大衣几类，按季节分有冬大衣（呢绒、羽绒）、春秋大衣（单夹风衣）两类。

下面介绍男大衣的工业制版。男大衣款式为四开身结构，戗驳领，双排扣，衣长至膝盖，后背中线下摆开衩，带袋盖口袋，单开线前胸袋，两片袖，袖口三粒扣，如图3-44所示。

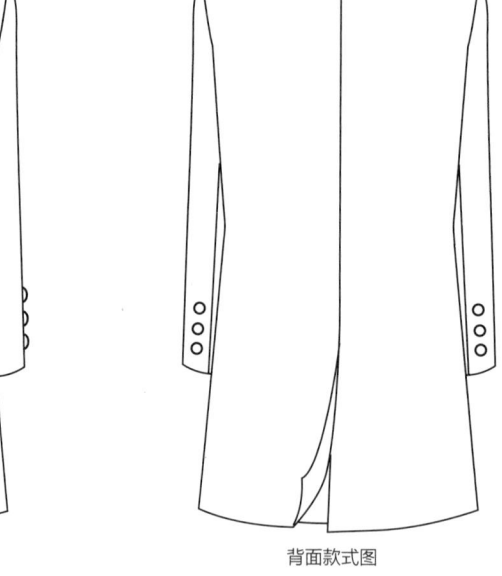

图3-44 男大衣款式图

（一）男大衣款式说明及尺寸（表3-17）

表3-17 男大衣成品尺寸表 单位：cm

部位尺寸	号型及档差值					
	160/80A	165/84A	170/88A	175/92A	180/96A	档差值
衣长尺寸	104	107	110	113	116	3
腰节长尺寸	42	43	44	45	46	1
胸围尺寸	102	106	110	114	118	4
领围尺寸	43	44	45	46	47	1
肩宽尺寸	44.6	45.8	47	48.2	49.4	1.2
袖长尺寸	57	58.5	60	61.5	63	1.5
袖口围尺寸	32	33	34	35	36	1

（二）男大衣母版纸样设计

男大衣中间号型制图尺寸表，取中间号型170/88A，制图尺寸见表3-18。

表3-18 男大衣中间号型制图尺寸表 单位：cm

部位	衣长	腰节长	胸围（B）	领围（N）	肩宽（S）	袖长	袖口围
成品尺寸	110	44	110	45	47	60	34
缝缩量	2.5	1	2.5	1	1	1.2	0.8
制图尺寸	112.5	45	112.5	46	48	61.2	34.8

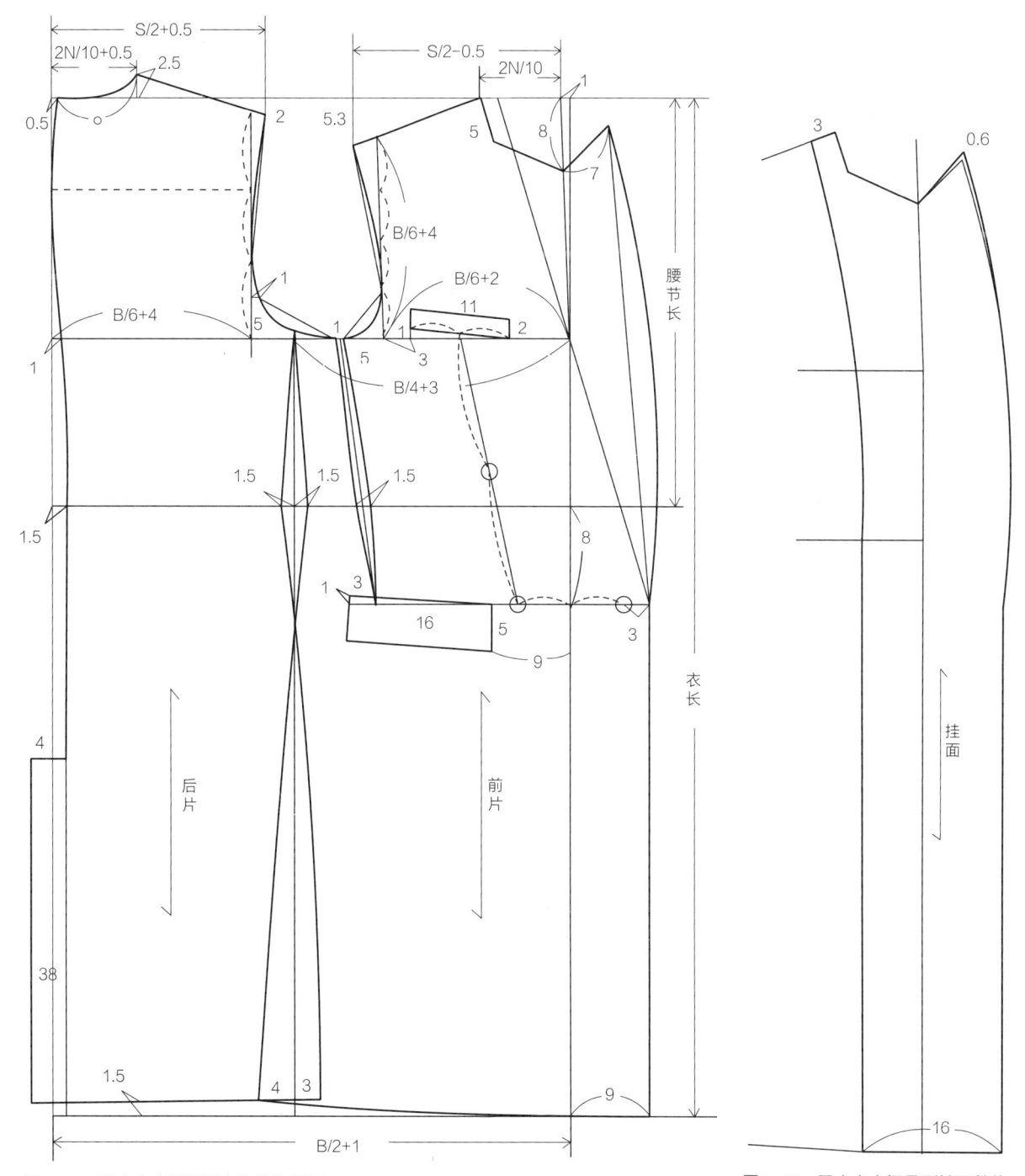

男大衣中间号型结构制图如图3-45至图3-48所示。

图3-45 男大衣中间号型衣片结构制图

图3-46 男大衣中间号型挂面结构制图

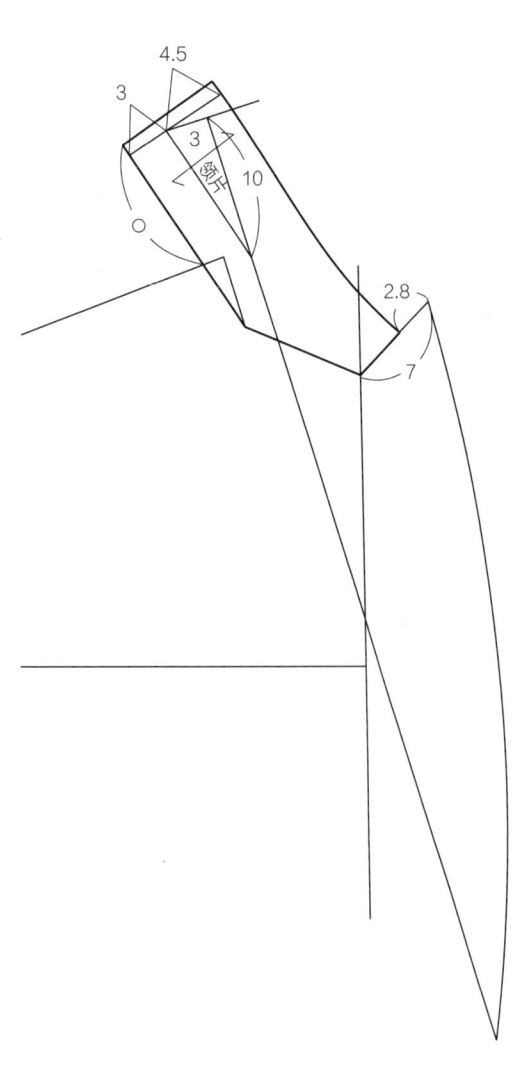

图3-47 男大衣中间号型领子结构制图 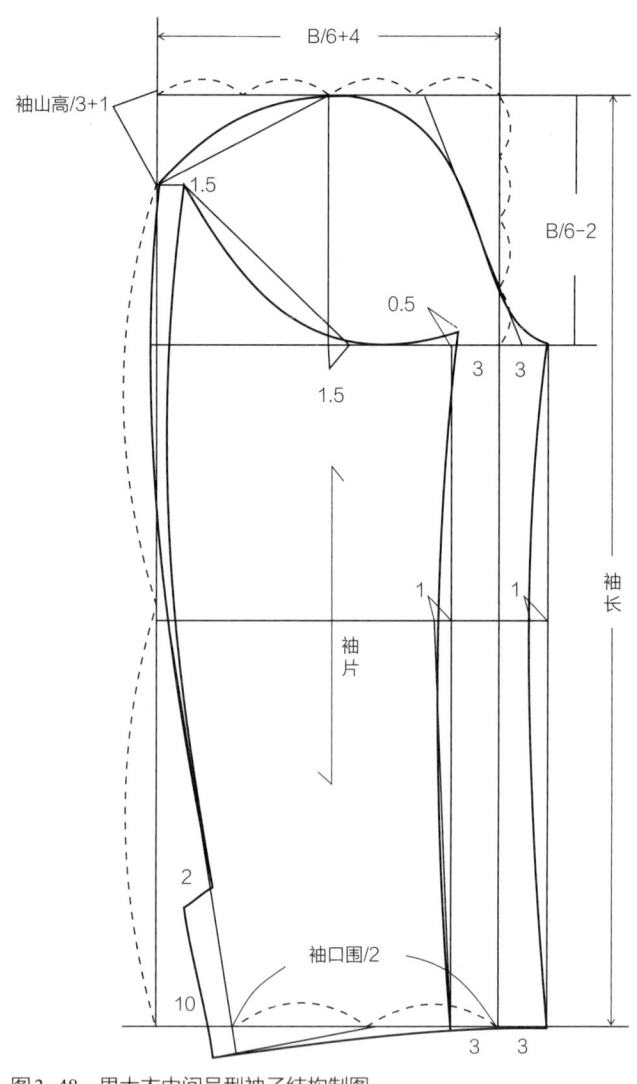　　图3-48 男大衣中间号型袖子结构制图

第三节　服装制版放缝设计

结构设计一般多是净样版设计。当结构设计完成后就形成了服装的净样版，但是净样版在所需的整体尺寸工艺上是不符合实际制作工艺要求的。为了完整的工艺要求就需要在净样版的基础上将之转换成毛样版，将净样版增加适当的缝份，即形成毛样版。

缝份又叫缝头，它是净样版周边另加的放缝，是缝合时所需缝去的量分。一般缝份的量在1cm左右。除了缝合的部分，有些服装的边缘部位多采用折边来进行工艺处理，如上衣（连衣裙、风衣等）的下摆、袖口、门襟部位等，折边的量一般较多，常采用3至4cm，弧形折边一般放量较少，约0.5至1cm。有些领口和底边等采用密拷缝边或滚边工艺的则不需要加缝份。

一、缝份的设计

缝份量与服装的制作工艺特点、服装材料的性能、加工设备等多方面因素相关，一般要综合考虑。对于服装样版的缝份大小，首先要看是否有样衣，有样衣的则要参照样衣；其次还要根据具体的缝型、面料特征、工艺要求等来加放。

缝份形状与加放的方法相关，常用的有三种加放方法：第一种是平行加放，是最常用的一种加放方法，即在净样轮廓的基础上平行放出等量的缝份。第二种是对称加放，即沿着缝合线（一般是折边线）呈对称形状加放，如图3-49所示。第三种是垂直加放，即沿着缝合线（一般为分缝的边）作长方形缝份形状，如图3-50所示。

服装的成形主要是以缝合方式完成的，服装缝制时以服装缝纫设备牵引缝线，将缝料串套连接而成。缝针穿刺缝料时，在缝料上穿成的针眼就是针迹。缝料上两个相邻针眼之间缝线串套的几何形态则称之为线迹，相互连接的线迹则构成缝迹。不同缝料与线迹的组合搭配形式即称之为缝型，见表3-19。

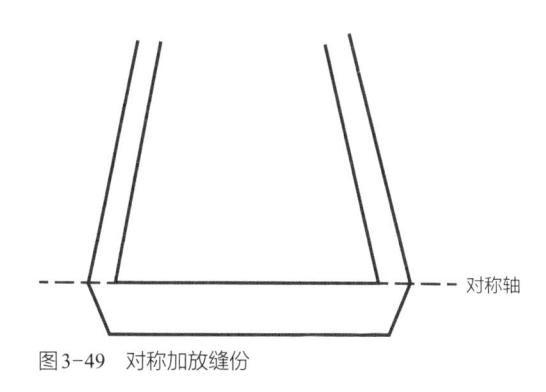

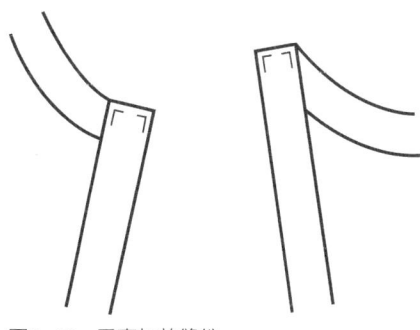

图3-49 对称加放缝份

图3-50 垂直加放缝份

表3-19 常用缝型示意图　　　　　　　　单位：cm

序号	缝型名称	图示	缝份量	序号	缝型名称	图示	缝份量
1	平缝		1cm	7	来去缝		1至1.5cm
2	滚边		0.5至1cm 滚边宽2至4cm	8	卷边		2cm或依具体宽度要求
3	钉商标		1cm	9	缲边		1.5cm
4	双针扒条		扒条约3cm或依具体宽度要求	10	坐倒缝		1cm
5	三线包缝		0.3至0.8cm	11	分缝		1.5cm
6	四线包缝		0.3至1cm	12	缝串带		依具体宽度要求

二、缝份的数值

依据不同的缝型加相应的缝份量外，各衣片的缝份数值还遵循以下原则。

面布：一般部位1cm，弧线部位（袖窿弧线等）0.8cm，承力部位（背缝、裤后裆中线等）1.5cm，底边部位（衣下摆、裤口等）3至4.5cm。

里布：水平方向，每个缝份量比面部缝份量

多0.2cm；下摆部位，缝份量如图3-51所示；袖山部位，缝份量如图3-52所示。

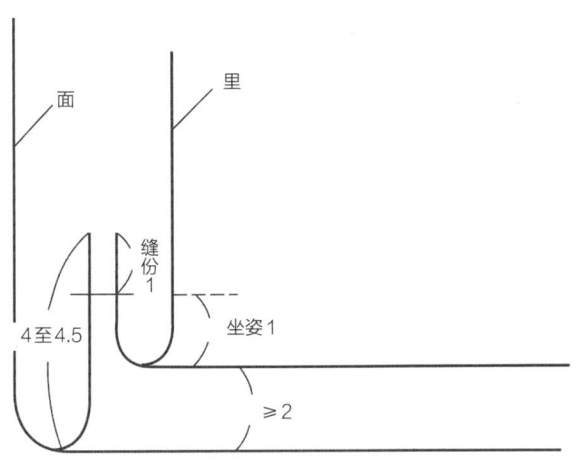

图3-51 衣下摆缝份量

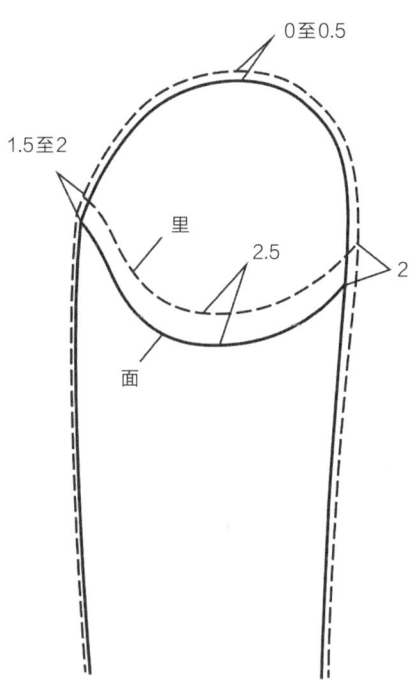

图3-52 袖山里布比面布多的缝份量

思考题

1.服装制版各规格尺寸的关系。

2.服装各部位的结构特征分析。

实训题

1.完成1:5或1:1的经典款式制版。

2.分析每种款式的结构图和规格尺寸表，按照企业生产的要求，结合服装结构的知识，进行基础纸样设计及放缝设计。

第四章
服装工业推版基础

重要知识点： 1. 了解服装工业推版的基本知识，包括服装工业推版的基本原理和方法并进行服装的推版。

2. 了解服装工业推版的方法，包括点放码法、单向与双向法、线放码法等。

教学目标： 1. 从理论角度使学生了解服装工业推版的基本原理与方法，并通过实例让学生进一步熟悉。

2. 根据服装推版的方法，要求学生在课堂上进行推版训练。熟悉服装推版的经验数值，以提高服装推版的灵活性。

3. 使学生掌握推版方法并进行纸样绘制。

教学准备： 准备订单样本，用于分析档差；准备原型纸样，以作为推版教学使用。

服装工业推版又称服装放码、服装推档、服装纸样放缩等。正确制定服装工业样版，即标准工业样版、母版和以母版为基准放码的各个不同型号的系列版型，它是服装生产企业基本的技术要求，是整个生产工序过程中最重要的技术环节之一。掌握以下服装工业推版的基础知识，是进行服装工业推版的第一步。

第一节　服装工业推版的基本原理

服装工业推版的基本原理包括服装工业推版的概念和一般依据。我们需要熟知服装工业推版的概念，了解服装工业推版的依据，将理论知识运用到实际的推版当中。其中样版推档是制作成衣样版最科学、最实用的方法，又称为规格缩放，是服装工业生产不可缺少的技术性较强的重要工序之一，是服装工业推版的基准依据。

一、服装工业推版的概念

服装工业推版的概念包括服装工业推版的定义、基本原理等，同时我们需要厘清服装整体推版与局部推版的概念。这些都是服装工业推版概念的重要组成部分，能帮助我们更好地掌握服装工业推版的方法。

（一）服装工业推版的定义

服装生产企业组织批量生产多种规格的成衣产品，是为了满足消费者选择不同号型成衣的需要。这就需要制版人员按照相关技术标准来绘制多规格、多尺码的全套工业样版。按照服装号型档差规格，以母版（一般为中间码）为依据，考虑各个部位尺寸的相关性，通过计算缩放量，绘制完成同款多规格系列工业样版的缩放过程就称为推版或放码。

（二）服装整体推版和局部推版的概念

服装推版又称服装放码、服装纸样放缩。服装企业根据实际需要将推版分为整体推版与局部推版两种。我们知道服装推版的方法很多，有经验推版法、等分推版法、大小两边推版法、一边推版法、赋值推版法等，这些推版法一般都可以进行整体推版与局部推版。

1.服装整体推版（规则放码）

我们所说的样版放缩多指样版的整体推版，即服装纸样规则放缩。它是指将结构内容全部进行缩放，理论上也就是样版的每个部位都要随着号型的变化而缩放。例如，一条裤子整体推版时，所有围度、长度、口袋，以及省道等都要进行相应的推版。

2.服装局部推版（不规则放码）

服装局部推版，即不规则放码，它是相对于整体推版而言的，是指某一款式服装在推版时只推某个或几个部位，而不进行全方位缩放的一种方法。例如，服装消费群体中身高相同而三围却不相同的人很多，那么为了适应销售，牛仔裤型的样版在放缩版（即推版）时就特别需要不规则放缩版型，具体点说就是有时假设推5个样版时，5个版型裤长同为102cm不放缩，但是腰围和臀围却要放缩，这时就需要局部推版（即纸样不规则放缩）。

（三）基本原理

样版推档放缩的原理为数学中的平面图形相似形原理，即同一个平面图形，只是在量的取值上有所不同，但其形状是一致的。推档的原理来自数学中任意图形的相似变换放大或缩小，各衣片的绘制以各部位间的数据差数为依据，逐部位分配放缩量。但推划时,首先应选定各规格纸样的固定坐标中心点,成为统一的放缩基准点,理论上各衣片根据需要可有多种不同的基准点选位,关键是要选出一种简单快捷的基准点位置。

以简单的正方形的变化进行分析比较,如图4-1所示。(a)图已知正方形ABCD与(b)图正方形A'B'C'D'的关系为ABCD比A'B'C'D'边长小一个单位,通过分析有多种组合方式,从而解析出最简单的一种组合方式,分析如下。

(c)图以B点和B'点两点重合作为坐标系的原点。纵坐标在AB边上,横坐标在BC边上,那么,正方形A'B'C'D'各点的纵坐标在正方形ABCD对应各点放大:1,0;0,1,横坐标对应各点放大:0,0;1,1,顺序连接各点成放大的正方形A'B'C'D'。

(d)图的坐标系在正方形ABCD的中心,那么,正方形A'B'C'D'各点的纵坐标在正方形ABCD对应各点放大:0.5,0.5;横坐标对应各点放大:0.5,0.5;顺序连接各点成放大的正方形A'B'C'D'。

(e)图的坐标系原点O在正方形的边的中点,那么,正方形A'B'C'D'各点的纵坐标在正方形ABCD对应各点放大:1,0;0,1;横坐标对应各点放大:0.5,0.5;顺序连接各点成放大的正方形A'B'C'D'。

(f)图的坐标系原点O在正方形的边距B点为BC边长的1/4处,那么,正方形A'B'C'D'各点的纵坐标在正方形ABCD对应各点放大:1,0;0,1;横坐标对应各点放大:0.25,0.25;0.75,0.75;顺序连接各点成放大的正方形A'B'C'D'。除此以外,坐标系还可以建立在不同的边上,只是纵横坐标放大的数值不一样。缩小的原理与以上类似。

通过分析可以得知有四种较为典型的组合方式。将(c)、(d)、(e)、(f)四图进行比较,发现四种放大的图形结构、造型形式没有改变,结果一样,只是正方形ABCD与正方形A'B'C'D'组合方式不同而已。对比的结果为(c)图的放大

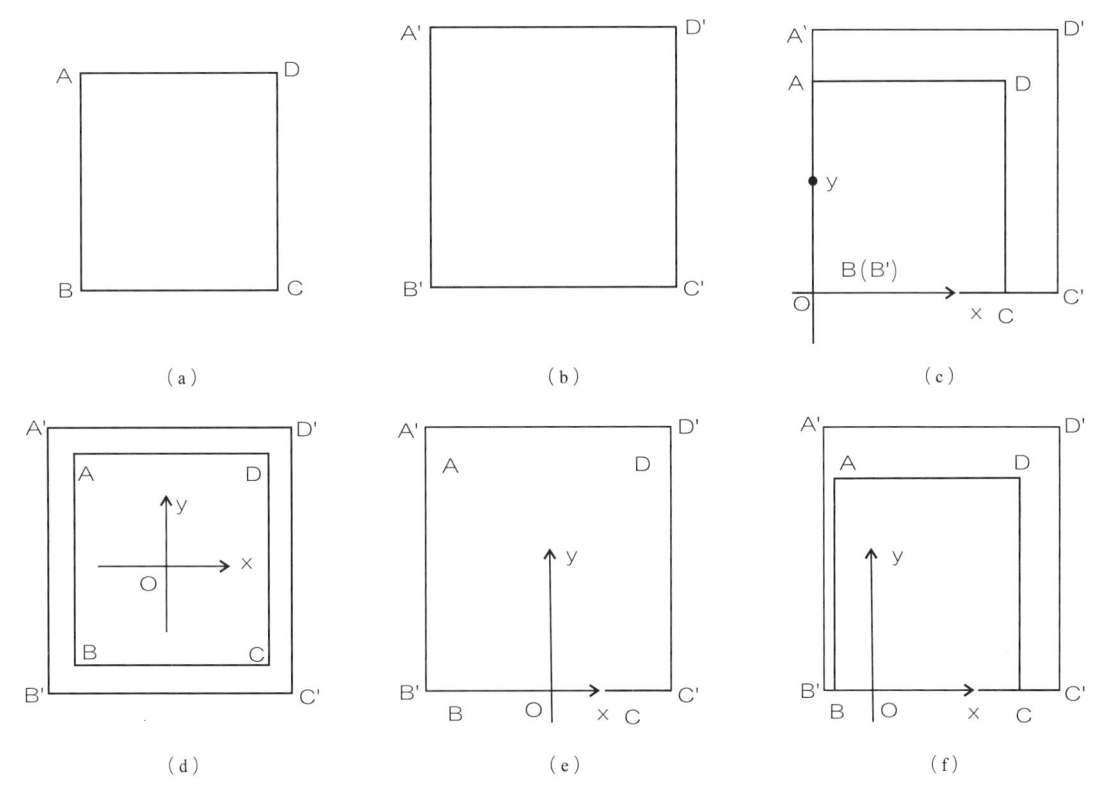

图4-1 正方形的相似变化

方法最简单,其余三图的方法就比较复杂。

因此可以得到下列结论:

(1)工业制版中的推档放缩是以建立于各图形能够产生相互关系的部分或线段之上的。

(2)如果图形为服装结构图形,则建立于服装版型的结构线之上,同时应具有垂直的特征。

(3)新的图形是基础图形(母版)相对于某个位置(基准线或参照物)在某个方向上的移动而构成。

(4)新的图形是由其关键点连线所构成。

(5)构成新图形的关键点的位置需要通过坐标轴方式来确定。

二、服装工业推版的依据

服装工业推版是服装工业制版中的一种方法,而对一种方法的掌握和灵活运用需要有扎实的基础知识和丰富的实践经验,同时,应摸索该方法的一些规律和方便操作的步骤。

(一)一般依据

标准样版是服装工业推版的基准依据。产品的号型规格系列样版形成系列的技术依据。推版的号型系列设置执行5.4系列、5.2系列国家标准。推版的号型规格系列,按国标要求进行Y、A、B、C四种体型搭配组合。不论采用何种方法制图推版,全套号型规格系列样版都必须具备:款型相似、线条平行、全套样版从小号到大号各相同的结构部位必须保持等差或等距。不论是手工推版,还是运用计算机辅助推版,在设计绘制标准样版的平面结构图(净样版)时,最好运用数学比例设计公式,尽量不用定寸或少用定寸。

女装号型系列设置见表4-1、表4-2。

表4-1　5.4Y、5.2Y号型系列表　　　　　　　　　　　　　单位:cm

身高	\multicolumn{2}{c	}{145}	\multicolumn{2}{c	}{150}	\multicolumn{2}{c	}{155}	\multicolumn{2}{c	}{160}	\multicolumn{2}{c	}{165}	\multicolumn{2}{c	}{170}	\multicolumn{2}{c	}{175}	\multicolumn{2}{c	}{180}
胸围	\multicolumn{16}{c	}{腰围}
72	50	52	50	52	50	52	50	52								
76	54	56	54	56	54	56	54	56	54	56						
80	58	60	58	60	58	60	58	60	58	60	58	60				
84	62	64	62	64	62	64	62	64	62	64	62	64	62	64		
88	66	68	66	68	66	68	66	68	66	68	66	68	66	68	66	68
92			70	72	70	72	70	72	70	72	70	72	70	72	70	72
96					74	76	74	76	74	76	74	76	74	76	74	76
100							78	80	78	80	78	80	78	80	78	80

表4-2　5.4A、5.2A号型系列表　　　　　　　　　　　　　单位:cm

身高	\multicolumn{3}{c	}{145}	\multicolumn{3}{c	}{150}	\multicolumn{3}{c	}{155}	\multicolumn{3}{c	}{160}	\multicolumn{3}{c	}{165}	\multicolumn{3}{c	}{170}	\multicolumn{3}{c	}{175}	\multicolumn{3}{c	}{180}
胸围	\multicolumn{24}{c	}{腰围}
72				54	56	58	54	56	58	54	56	58												
76	58	60	62	58	60	62	58	60	62	58	60	62	58	60	62									
80	62	64	66	62	64	66	62	64	66	62	64	66	62	64	66	62	64	66						

续表

A																								
身高	145			150			155			160			165			170			175			180		
胸围	腰围																							
84	66	68	70	66	68	70	66	68	70	66	68	70	66	68	70	66	68	70	66	68	70			
88	70	72	74	70	72	74	70	72	74	70	72	74	70	72	74	70	72	74	70	72	74	70	72	74
92				74	76	78	74	76	78	74	76	78	74	76	78	74	76	78	74	76	78	74	76	78
96							78	80	82	78	80	82	78	80	82	78	80	82	78	80	82	78	80	82
100										82	84	86	82	84	86	82	84	86	82	84	86	82	84	86

男装号型系列设置见表4-3、表4-4。

表4-3　5.4Y、5.2Y号型系列表　　　　　　　　　　　　　　　　　　　　　　单位：cm

Y																
身高	155		160		165		170		175		180		185		190	
胸围	腰围															
72			56	58	56	58	56	58								
76	60	62	60	62	60	62	60	62	60	62						
80	64	66	64	66	64	66	64	66	64	66	64	66				
84	68	70	68	70	68	70	68	70	68	70	68	70	68	70		
88			72	74	72	74	72	74	72	74	72	74	72	74	72	74
92					76	78	76	78	76	78	76	78	76	78	76	78
96							80	82	80	82	80	82	80	82	80	82
100									84	86	84	86	84	86	84	86

表4-4　5.4A、5.2A号型系列表　　　　　　　　　　　　　　　　　　　　　　单位：cm

A																							
身高	155			160			165			170			175			180			185			190	
胸围	腰围																						
72				56	58	60	56	58	60														
76	60	62	64	60	62	64	60	62	64	60	62	64											
80	64	66	68	64	66	68	64	66	68	64	66	68	64	66	68								
84	68	70	72	68	70	72	68	70	72	68	70	72	68	70	72	68	70	72					
88	72	74	76	72	74	76	72	74	76	72	74	76	72	74	76	72	74	76					
92				76	78	80	76	78	80	76	78	80	76	78	80	76	78	80	76	78	80	76	78	80
96				80	82	84	80	82	84	80	82	84	80	82	84	80	82	84	80	82	84	80	82	84
100							84	86	88	84	86	88	84	86	88	84	86	88	84	86	88	84	86	88
104										88	90	92	88	90	92	88	90	92	88	90	92	88	90	92

（二）数值依据

上下装成衣规格系列主要结构部位，如衣长、胸围、肩宽、领围、袖长及裤长、腰臀围的规格档差，从号型控制部位分档档差转化、移植。

一些没列入号型控制部位的次要的具体结构部位的规格档差值，则可运用标准样版结构设计制图的比例公式，从上下紧相邻的号型相同部位规格差值中计算求取。

三、服装工业推版的规律

服装工业推版过程中具有一定的规律，通常情况下需要选择和确定中间规格，绘制标准中间码纸样，同时确定好基准线的约定、推版的放缩约定等。掌握好这些规律，能够提升服装工业推版的成功率。

（一）选择和确定中间规格

进行服装工业推版无论采用何种推版方法，首先要选择和确定标准码纸样，也称基本纸样。基本纸样又称中间规格纸样或封样纸样，是制版人员依据号型系列或订单上提供的各个规格码，选择具有代表性并能上下兼顾的规格作为基准。用来制作样衣的纸样就是依此规格绘制的服装工业纸样。

例如，在商场中卖的T恤后领里缝有尺寸标记，但标记不是只有一种规格，通常的规格有S、M、L、XL等。在绘制纸样时，在这四个规格中多选择M规格作为中间规格进行首先绘制。S规格以M规格为基准进行缩小，L规格也以M规格为基准进行放大，而XL规格则又以L规格为参考进行放大。选择合适的中间规格。

推版主要考虑三个方面的因素：第一，由于目前大多数推版的工作还是由人工来完成，合适的中间规格在缩放时能减少误差的产生。如果以最小规格去推放其余规格或以最大规格推缩别的规格，产生的误差相对来说会大一些，尤其用最大规格推缩别的规格比最小规格推放其余规格的操作过程要更麻烦一些。在服装CAD的推版系统中，凭借计算机运算速度快及精确作图的优势则不会产生上述的问题。第二，由于纸样绘制可以采用不同的公式或方法进行计算，合适的中间规格在缩放时能减少其产生的差数。第三，对于批量生产的不同规格服装订单，通过中间规格纸样的排料可以估算出面料的平均用料，以便减少浪费，节约成本。假设一份订单中有以下7种规格：28、29、30、31、32、34和36，常选择30规格或31规格作为标准中间码进行制版。

（二）绘制标准中间码纸样

能够作为推版用的标准中间纸样需要进行一系列的操作。在确定中间码之后，需要分析面料有哪些性能影响纸样的绘制；分析各部位测量的方法和它们之间的联系；采用合理的制版方法，绘制出封样用裁剪纸样和工艺纸样；按裁剪纸样裁剪样衣，严格按工艺纸样缝制样衣后并整理；验收缝制好的样衣，写出封样意见；讨论封样意见，找出产生问题的原因，修改原有封样纸样成为标准中间码纸样。不同款式有不同的制版分析过程，在后面的章节中会详细叙述。总之，标准中间码纸样的正确与否将直接影响到推版的实施，如果中间码纸样出现问题，不论推版运用得多么熟练，也没有意义。

（三）基准线的约定

基准线类似数学中的坐标轴，例如，图4-1中（c）、（d）、（e）和（f）的结果虽然都正确，但坐标位置的确定直接影响操作的繁简。在服装工业纸样的推版过程中也必须使用坐标轴，这种坐标轴常被称作基准线。基准线的合理制定能方便推版并保证各推版纸样的造型和结构相似，它是纸样推版的基准，没有它各放码点的数值也就成了形式上的数量关系，没有实际意义。在本书中大多数基准线定位在纸样结构有明显不同的分界处。另外，基准线既可以采用直线也可以在约定的某种方式下采用弧线，甚至可以用折线。使用弧线作为基准线的部位有西服的后中线、腋下片中的侧缝线等，但这种弧线基准线只是相对的基准线，在后面章节中会有说明。

约定的常用基准线如下。

上装：前片——胸围线、前中线或搭门线；后片——胸围线、后中线；一片袖——袖肥线、袖中线。

领子：领尖部位为基准线，一般放缩后领中线。

下装：裤装——横裆线，裤中线（挺缝线）；一般的裙装——臀围线，前、后中线；圆裙以原点为基准，多片裙以对折线为基准线。

其中，长度方向的基准线有胸围线、横裆线和臀围线等，围度方向的基准线有前、后中线和裤中线等，有些基准线还要依据款式结构的不同而有所变化。

（四）推版的放缩约定

纸样的放大和缩小有严格的界限，为此，对放大和缩小做如下约定。

放大：远离基准线的方向。

缩小：接近基准线的方向。

图4-2为女上装原型的放大和缩小约定，其中，胸围线是长度方向的基准线，后中线是后片围度方向的基准线，前中线是前片围度的基准线。①线、②线、③线和④线表示长度方向的放缩，基准线是胸围线，但①线和②线的箭头是远离基准线方向，根据放缩的约定，①线和②线表示放大，而③线和④线的箭头是靠近基准线，根据约定这两条线表示缩小；⑤线、⑥线、⑦线和⑧线则表示围度方向的放缩，但⑤线和⑥线的基准线是后中线，⑤线的箭头是远离后中线，那么，该线就表示放大，反之，⑥线为缩小，而⑦线和⑧线的基准线是前中线，⑦线表示放大，⑧线则缩小；⑨线、⑩线和另两条线的基准线是胸围线，其中⑨线和⑩线表示前中基准线放大，⑪线和⑫线表示前中基准线缩小。

只要记住上面两条约定，就可以准确判定推版的放大和缩小的方向。

四、服装推版的要求及注意事项

（一）服装推版的要求

把各部位的档差合理地进行分配，根据需要放缩，使缩放后的规格系列样版与标准母版的造型、款式相似或相同。在缩放样版时，根据各部位的规格档差和分配情况，只能在垂直或水平的

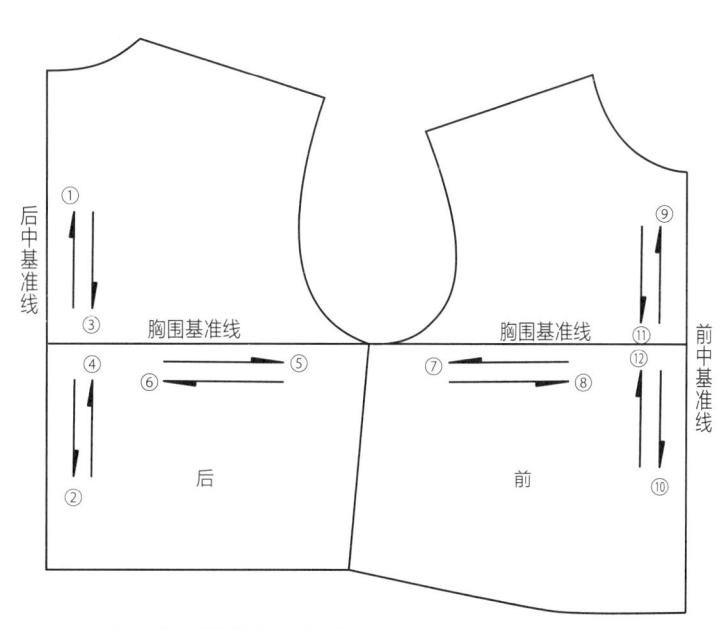

图4-2 女上装原型的放大和缩小约定

方向上取点缩放，而不能在斜线上取点为缩放的档差。某一部位的档差分配在几个部位，则几处放缩的档差之和等于该部位的总档差。

相关联的两个部位（如肩高档差与袖窿深档差、领口深档差与袖窿深档差）在放缩推移时如果方向相反，则档差大的部位按档差数值放缩，档差小的部位的缩放值则为两个部位档差之差，放缩方向和档差大的部位方向一致。

某些辅助线或辅助点如腰节高、袖肘线、中裆线等，也需要根据服装的比例推移、放缩，但这些辅助部位的放缩值不能加在部位总档差之内。部位档差推移、放缩的方法基本采用胸基准法和中上基准法，即上衣以胸围线（袖窿深线）和前胸、背宽线为基准；袖子以袖山和前偏袖线为基准，分别向上、下、左、右四个方向推档；裤子则以裤中线和横裆线为基准，向上、下、左、右四个方向推档。

（二）注意事项

在样版放缩前，要把各部位的档差数值合理地进行分配，严格按照标准数据进行放缩，要使推出的版型与母版版型的特征相同。当制作客户订单时，一定要严格按客户订单上的数据认真地进行制版和推版，切不可随意改动客户订单上的有关数据。关于推版方法则可以灵活掌握，如果有的地方确实需要修正时，一定要事先征得客户方的同意，否则属于严重违约行为，会给企业带来不必要的麻烦。

第二节　服装工业推版的方法

服装推版的方法很多，虽然形式上有所不同，但原理是一致的，都是将母版进行放大、缩小，从而取得相似形。服装推版主要包括人工放码、机器放码和CAD放码三种形式。利用计算机CAD辅助系统进行推版，准确、快速而又直观，在服装企业的应用日益广泛。人工放码是服装推版技术的基础，常用的有以下几种方法：点放码法、单向与双向放码法、线放码法。

一、点放码法

点放码法也称为坐标法。首先确定样版上一基点为坐标原点，以此原点建立横纵坐标轴线后，进行不同规格衣片各个控制点以及样版轮廓参量值的计算并绘制出所需规格衣片样版的方式。点的放码是放码的基本方式，无论在手工放码（制图法）还是电脑放码应用都是最广的。基本原理是在基本码样版上选取决定样版造型的关键点作为放码点，根据档差，在放码点上分别给出不同号型的X和Y方向的增减量，即围度方向和长度方向的变化量，构成新的坐标点，根据基本样版轮廓造型，连接这些新的点就构成不同号型的样版。可以根据具体服装造型、号型的不同，灵活地对某些决定服装款式造型的关键点进行放缩规格的设定，这样比较精确，适用于任何款式的服装。

（一）关于基准线（坐标轴）的选择

1. 纵横方向的图形面积增减

推版的原理来自数学中任意图形的相似变换，各衣片的绘制是以各部位间的尺寸差数为依据，逐部位（部位档差）进行放缩。也可理解为图形平面面积的增减在纵横两个方向进行，所以样版上的各放缩点或不同部位面积的增减均必须在二维坐标系中进行。

2. 坐标轴与基准线

无论采用哪种推档方法，在推档之前，都要

在基础样版上确定两个坐标轴，相当于物体运动的参照物。两个坐标轴为不变（不动）线，即基准线（两个轴的交点）为不变点，则为原点。

3. 坐标轴的位置

坐标轴位置选取是任意的，可根据需要灵活确定，如图4-3所示。

点放射为中心放射，放缩方向汇集于一个中心点。同一方向放射状态、放缩方向一致。

4. 坐标轴选取要求

一般应选取有代表性的，在推档后各号型线条交叉较少的结构线上，使各档图形比较清晰。应遵循适应人体体型变化规律；有利于保持服装造型、结构的相似和不变；便于推画放缩和纸样的清晰。

上装前片：胸围线、肩平线、前中心线、胸宽线。后片：胸围线、肩平线、后中心线、背宽线，如图4-4所示。

袖片一片袖：袖肥线、袖中线，如图4-5所示。两片袖：袖肥线、前袖成型线，如图4-6所示。领子的基础线、后中线，如图4-7所示。

裤装：横裆线、腰口线、挺缝线、裤侧线，如图4-8所示。裙装的臀围线、前后中心线，如图4-9所示。

5. 坐标轴的理解

两条相互垂直的线为直线。两个相互作用的部位可以是前后中心部位、肩部与下摆部位等。

（二）关于放缩点与放松量

1. 放缩点

各放缩点都是两个方向合成，为部位档差值（$Xa+A$，$Yb+B$）。有些特殊点（如坐标轴上的点）在某一方向上的放缩量为零。各点放缩量的

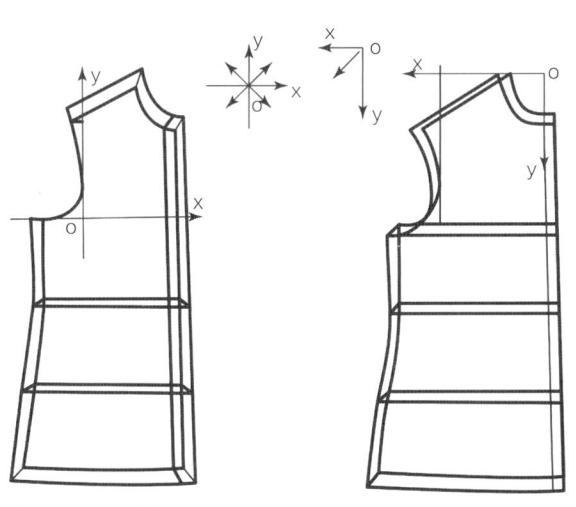

图4-3　坐标轴选取

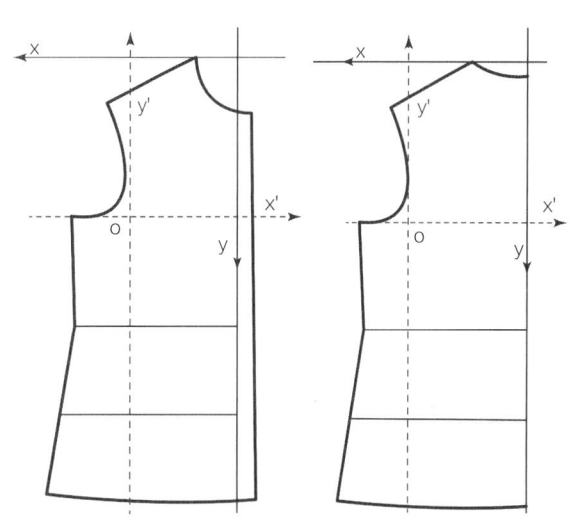

图4-4　结构线与坐标轴

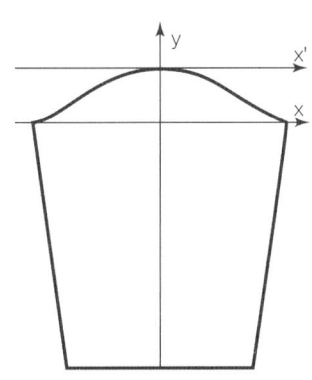

图4-5　袖片一片袖

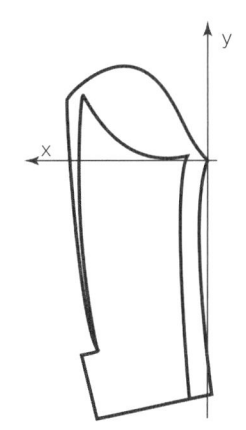

图4-6　前袖片

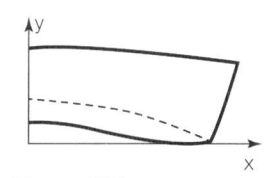

图4-7　领子

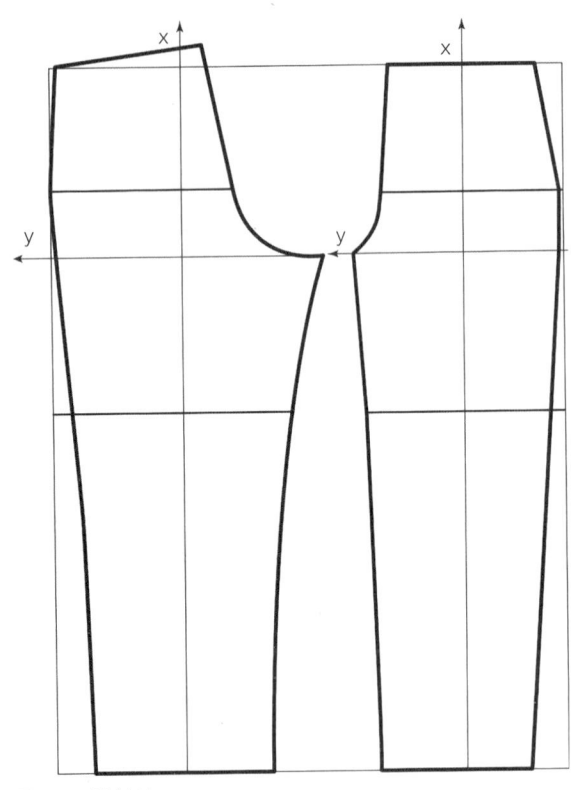

图4-8 裤装片

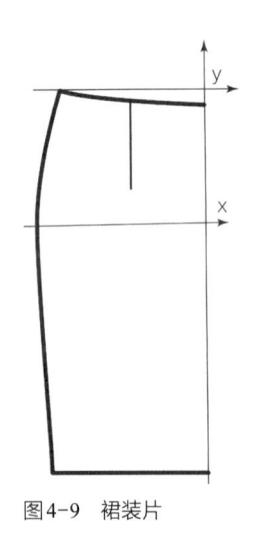

图4-9 裙装片

大小与到原点（即不变点）的距离有关，距离越远放缩量就越大，反之亦然。即：放大，远离基准线方向；缩小，接近基准线方向。

2.放缩量

量的类别：规格差即规格档差，两个相邻规格之间的差数。规格档差有明确规定与要求，体现于服装的规格表当中，也称显量。

部位档差即相邻两个规格相同部位之间的数据差数，一般是在结构制图时对服装不同结构部位所做计算而得到的数值，无明确的要求，亦称为隐量。

量的取值：一般方法以结构制图原理与计算公式推导取值。根据样版推档放缩原理以线段的比例关系（比率法）推导求取，并保持与标准母版的一致性，可进行适当合理的调整。近似方法对一些无法计算、影响不大的微小部位，可按造型的比例做出微小的分档处理或调整。

基本不变部位的小规格数据，如搭门宽、领宽/尖、省道、后直开领、折边宽或其他小部件等，量的调整一方面在规格档差总量不变的前提下，对分量进行调整，使其达到平衡；另一方面在保持版型的要求下，对部位档差进行调整，使其合理。

量型的关系需要了解量的范围，定量与可变量，显量与隐量；理解型的作用，造型与版型；当量一定时，以型适量；当量可变时，以量适型；量型的统一，量型与型量的对立与统一关系。

二、单向与双向放码法

单向与双向放码法在推档过程中经常运用，是在坐标轴上单个方向或两个方向进行放码，数值可根据计算出的取值来推档放码。

（一）单向放码法

单向放码法是指向一个方向的放码（X方向或Y方向）。一般单向放码的位置是在坐标线上的放码（X坐标线或Y坐标线上）。在图4-10中，X方向为3cm，Y方向为3cm；在图4-11中，X方向为3cm不变，Y方向为3cm+2cm=5cm，Y方向单向放码量为2cm。

（二）双向放码法

双向放码法是指向两个方向的放码（X方向和Y方向）。一般双向放码的位置均不在X坐标线和Y坐标线上，而是在X、Y之间。图4-12

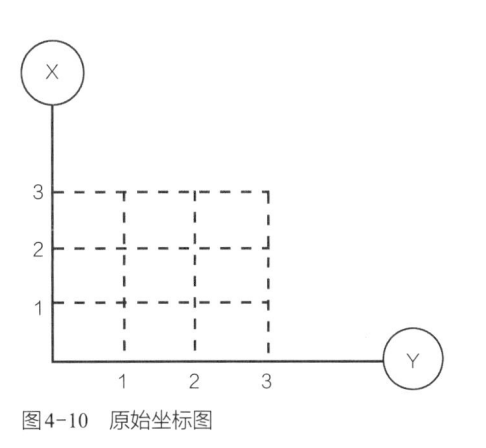

图4-10 原始坐标图

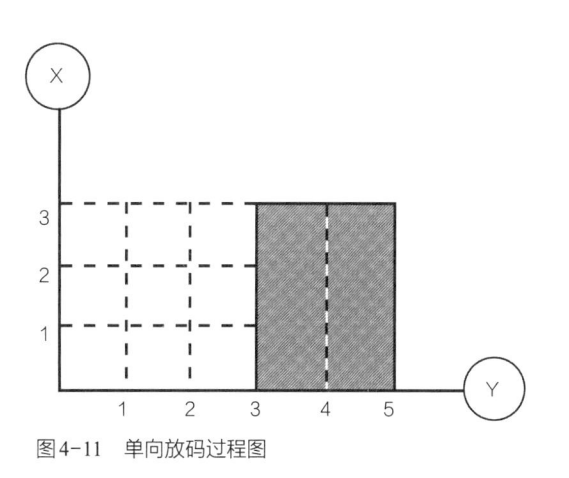

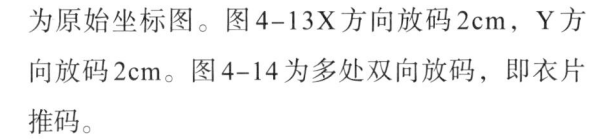

图4-11 单向放码过程图

为原始坐标图。图4-13X方向放码2cm，Y方向放码2cm。图4-14为多处双向放码，即衣片推码。

三、线放码法

线放码法也叫切割放码，按人体与服装关系对样片进行纵向、横向的切分，然后以部位所需推放量按正确的变化方向推移各切分单元，并最终使推移后的衣片轮廓符合规格尺寸的要求。基本原理是在纸样放大或缩小的位置引入恰当合理的切开线对纸样进行假想的切割，并在这个位置输入一定的切开量（根据档差计算得到的分配数），从而得到另外的号型样版。（图4-15、图4-16）有水平、竖直和倾斜三种形式的切开线：水平切开线使切开量沿竖直方向放大或缩小，竖直切开线使切开量沿水平方向变化，倾斜切开线使切开量沿垂直方向变化。线放码法有一定的局限性。这种方法一般使用计算机操作的较

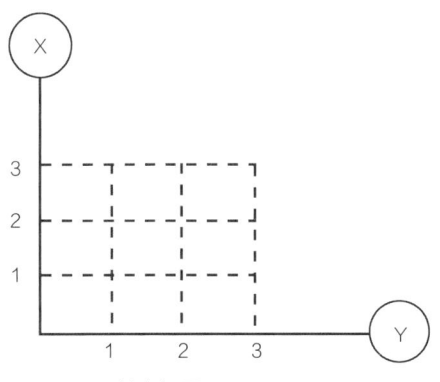

图4-12 原始坐标图

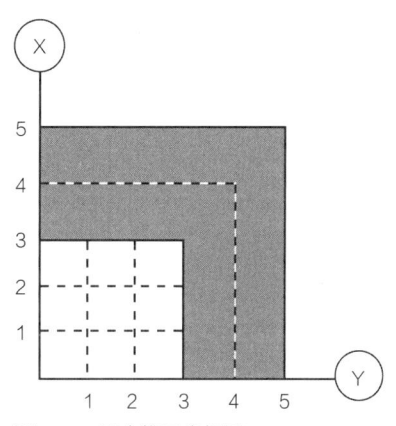

图4-13 双向推码坐标图

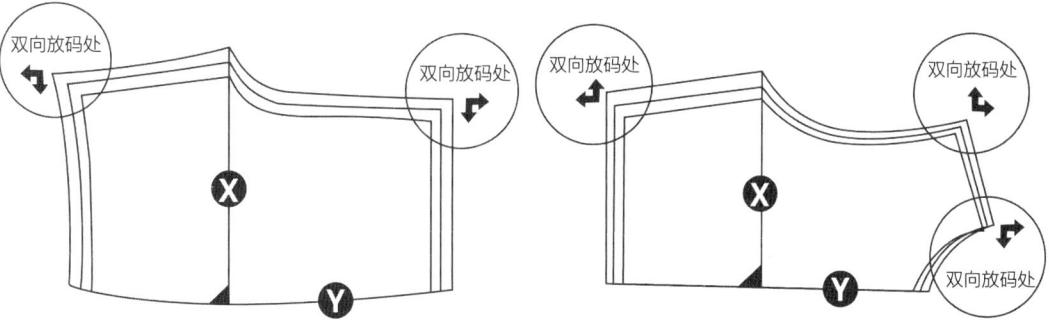

图4-14 衣片推码

多，因为计算机操作中可以自动处理外形修补过程。

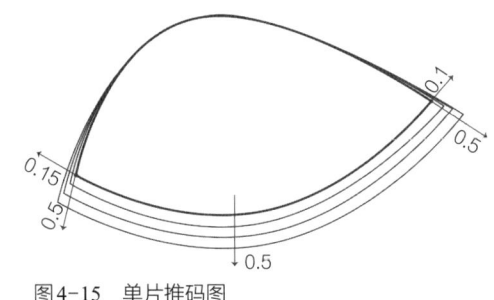

图4-15 单片推码图

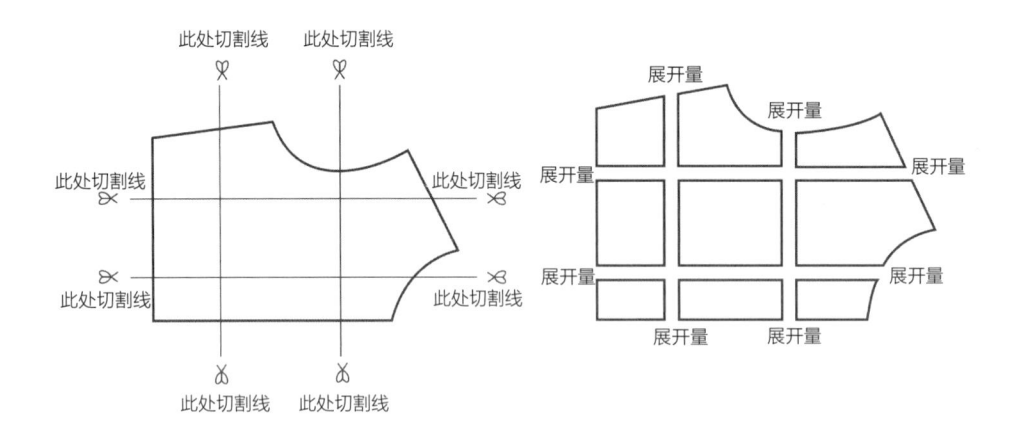

（a）切割线位置设定

（b）切割线位置展开量

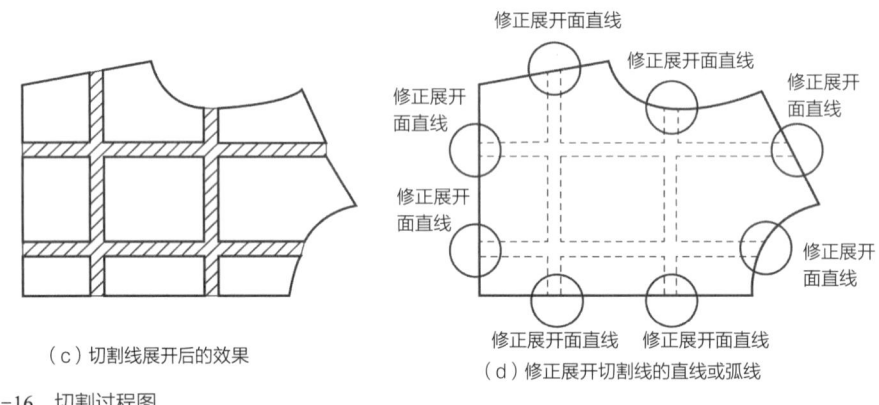

（c）切割线展开后的效果

（d）修正展开切割线的直线或弧线

图4-16 切割过程图

第三节 经典服装推版

服装推版就是以某一规格的样版为基础，对同款式的服装，按国家技术标准规定的号型系列或特定的规格系列有规律地进行扩大或缩小若干个相似的服装版，从而打制出各个号型规格的全套裁剪样版，这一制作过程称为推档或推版。本节通过对女士衬衫等经典服装款式进行实例、图解说明，通过理论和实例的分析，使学生能结合款式和客户的具体要求，采用合理的公式和数据，熟练进行推档操作，从而达到学以致用的目的。

服装工业推版符号与服装制图符号不同，它具有明显的方向性，这是在推版时应着重注意的一点。表4-5是本书所使用的推版符号，其目的是整体统一和规范，便于识别样版。

表4-5　推版符号

符号	名称	用途
	坐标基点	推版时的固定点，其他点扩缩时都以此点为坐标
	纵向标识	箭头在右侧为放大标识，箭头在左侧为缩小标识
	横向标识	箭头在上方为放大标识，箭头在下方为缩小标识
	扩缩点放大图样	为了视觉需要，把原来需要扩缩的点放大，锯齿边与两直角边所构成的图形表示衣片部位
	扩缩轮廓线	中间粗线是母版的轮廓线，两边的细线是放大或缩小的轮廓线

一、女式衬衫推版

此款女式衬衫分两前片、一后片、两袖片，袖口处收无规则细褶裥，连翻领，前片腋下及腰间收省，后片收肩背省及腰间省，右门襟五个扣眼。女式衬衫的规格尺寸见表4-6。

表4-6　女式衬衫规格系列设置表　　　　　　　　　　　单位：cm

部位	部位代号	号型及档差值			档差值
		155/80	160/84	165/88	
衣长	L	62	64	66	2
胸围	B	94	98	102	4
肩宽	S	39	40	41	1
领围	N	35	36	37	1
袖长	SL	51	52.5	54	1.5
袖口围	CF	19.2	20	20.8	0.8
背长	BL	39	40	41	1

女式衬衫工业推版选取中间号型规格样版作为标准母版，选定衣片前、后中心线、袖中线作为推版时的纵向基准线，胸围线、袖山高线作为横向基准线，在标准母版的基础上推出大号和小

号标准样版。各部位档差及计算公式见表4-7。

表4-7 女衬衫各部位档差及计算公式　　　　　　　　　　单位：cm

部位名称		部位代号	档差及计算公式			
			纵档差		横档差	
前衣片	小肩线	D	0.7	袖窿深档差：2/10×胸围档差（4）—0.1=0.7	0.2	领宽档差：1/5×领围档差（1）=0.2
		E	0.5	袖窿深档差（0.7）—肩斜档差（0.2）=0.5　肩斜档差：胸围档差(4)的5%=0.2	0.5	1/2×肩宽档差(1)=0.5
	前中心线	A=B=C	0.5	袖窿深档差（0.7）—领深档差（0.2）=0.5	0	由于是基准线，A=B=C=0
		L	1.3	衣长档差（2）—袖窿深档差（0.7）=1.3	0	由于是基准线，L=0
	侧缝线	G	0	由于是基准线，G=0	1	1/4×胸围档差（4）=1
		J	0.3	腰节长档差（1）—袖窿深档差（0.7）=0.3	1	同G点
		K	1.3	衣长档差（2）—袖窿深档差（0.7）=1.3	1	同G、J点
		H、H'、H"	0	省尖靠近基准线且是定数，保证各档样版省位置、长短相同	1	同G、J、K点
	腰省	I	0	原理同H、H'、H"点	0.3	1/2×胸宽档差（0.6）=0.3　胸宽档差：1.5/10×胸围档差（4）=0.6
		I'	0.3	同J点	0.3	同I点
		I"	0.4	纵向每个号型缩放0.4	0.3	同I、I'点
	胸宽线	F	0.16	袖窿深档差（0.7）—肩斜档差（0.2）=0.5　1/3×0.5≈0.16	0.6	胸宽档差：1.5/10×胸围档差（4）=0.6
后衣片	后小肩线	B	0.7	袖窿深档差（0.7）	0.2	领宽档差：1/5×领围档差（1）=0.2
		D	0.5	袖窿深档差（0.7）—肩斜档差（0.2）=0.5	0.6	小肩宽档差：1/2×肩宽档差（1）+0.1=0.6（调节冲肩大小）
		C	0.7	同B点	0.2	同D点
		C'	0.7	同B点	0.3	比C'点大0.1是调整肩的宽度
		C"	0.7	同C、C'点	0.3	1/2×背宽档差（0.6）=0.3
	后中心线	A	0.63	袖窿深档差（0.7）—1/3×领宽档差（0.2）≈0.63	0	由于是基准线，A=0
		I	1.3	衣长档差（2）—袖窿深档差（0.7）=1.3	0	由于是基准线，I=0
	侧缝线	F	0	由于是基准线，F=0	1	1/4×胸围档差（4）=1
		G	0.3	同前片J点	1	同F点
		H	1.3	同I点	1	同F、G点

续表

部位名称		部位代号	档差及计算公式			
			纵档差		横档差	
后衣片	腰省	J	0	原理同前片H、I点	0.3	1/2×背宽档差（0.6）=0.3
		J'	0.3	同G点	0.3	同J点
		J"	0.4	同前片I"	0.3	同J、J'点
	后背宽线	E	0.16	袖窿深档差（0.7）—肩斜档差（0.2）=0.5 1/3×0.5≈0.16	0.6	推放背宽档差：1.5/10×胸围档差（4）=0.6
袖片	袖中线	A	0.5	1/10×胸围档差（4）+0.1=0.5	0	由于是基准线，A=0
	袖山高线	D=E	0	由于是公共线，D=E=0	0.7	D、E是对称点缩放袖子的肥度，1.5/10×胸围档差（4）+0.1=0.7
	袖山弧线	B=C	0.25	1/2×袖山高度档差（0.5）=0.25	0.35	1/2×袖子肥度档差（0.7）=0.35
	袖口线	G=F	1	袖长档差（1.5）—袖山高度档差（0.5）=1	0.4	1/2×袖口肥度档差（0.8）=0.4
		H'=H"	1	与F、G点是等高点，同F、G点	0.2	1/2×后袖口肥度档差（0.4）=0.2
袖头	袖头长度	M	0	各档样版袖头宽度相等，只推长度方向	0.8	袖口肥度档差（0.8）
领子	后领中心线	N	0	各档样版领子宽度相等，只推长度方向	0.5	1/2×领围档差（1）=0.5

女式衬衫的前片、后片、袖片、领片、袖头推版图解如图4-17至图4-19所示。

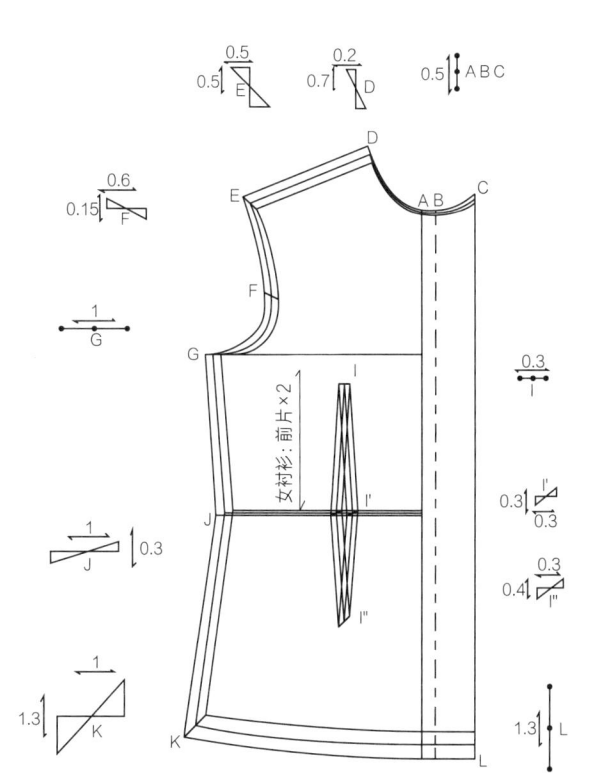

图4-17 女式衬衫推版图解·前片

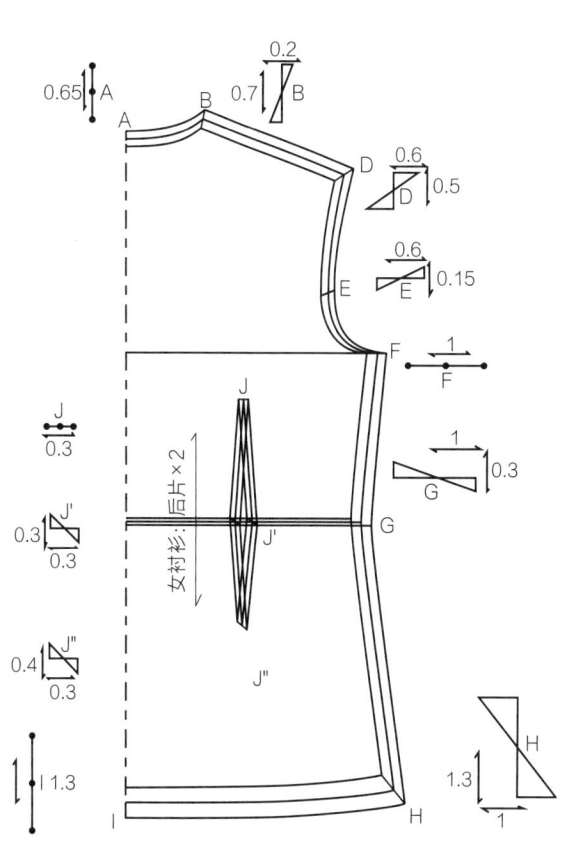

图4-18 女式衬衫推版图解·后片

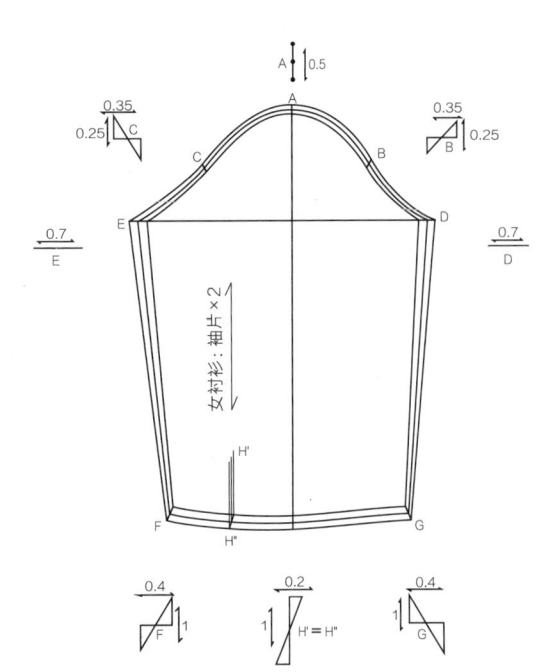

图4-19 女式衬衫推版图解·袖片、领片、袖头

二、旗袍推版

旗袍的特点是立领，装袖，偏襟，前身收侧胸省和胸腰省，后身收腰省，领口、偏襟钉葡萄纽2副，领口、偏襟、袖口、摆衩、底边均嵌线滚边。旗袍的规格尺寸见表4-8。

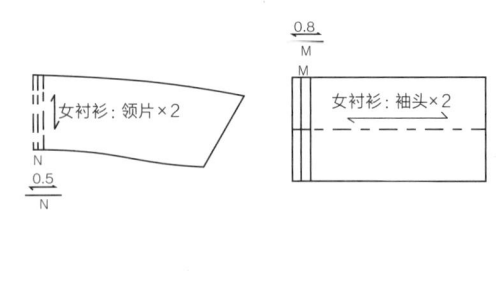

表4-8 旗袍规格系列设置表 单位：cm

部位	部位代号	155/80	160/84	165/88	档差值
衣长	L	117	120	123	3
背长	BL	39	40	41	1
胸围	B	88	92	96	4
领围	N	35	36	37	1
肩宽	S	37	38	39	1
腰围	W	66	70	74	4
臀围	H	90	94	98	4

旗袍工业推版选取中间号型规格样版作为母版，前片选定前中线作为推版时的纵向公共线，胸围线作为推版时的横向公共线；后片选定后中线作为推版时的纵向公共线，胸围线作为推版时的横向公共线；在标准母版的基础上推出大号和小号标准样版。各部位档差计算公式见表4-9。

表4-9 旗袍各部位档差及计算公式 单位：cm

部位名称		部位代号	纵档差		横档差	
前衣片		A	0.8	袖窿深档差（0.8）	0.2	领宽档差（0.2）
	小肩线	B	0.6	肩斜档差（0.2），因A点已推0.8，故该点推0.8-0.2=0.6	0.5	1/2×肩宽档差（1）=0.5
	前领深	C	0.6	前领深档差（0.2），由于A点已推0.8，故该点推0.8-0.2=0.6	0	由于是基准线，故不推版

续表

部位名称		部位代号	档差及计算公式			
			纵档差		横档差	
前衣片	胸围线	D	0	由于是基准线，故不推版	1	1/4×胸围档差（4）=1
		D	0	同D点	1	同D点
	腰节线	E	0.2	腰节档差（1），因A点已推0.8，故该点推1-0.8=0.2	1	1/4×腰围档差（4）=1
		E₁	0.2	同E点	1	同E点
	臀高线	F	0.5	臀高档差（0.3）+0.2=0.5	1	1/4×臀围档差（4）=1
		F₁	0.5	同F点	1	同F点
	衩位	G	0.5	同F点	1	同F点
		G₁	0.5	同F点	1	同F₁点
	下摆	H	2.2	衣长档差（3）-0.8=2.2	1	1/4×摆围档差（4）=1
		H₁	2.2	同H点	1	同H点
	左腰省	I	0	省尖距BP的距离统码	0.3	1/3×胸宽档差（1）≈0.3
		I₁、I₂	0.2	同E点	0.3	同I点
		I₃	0.5	同F点	0.3	同I点
	右腰省	K	0	同I点	0.3	同I点
		K₁、K₂	0.2	同I₂点	0.3	同I点
		K₃	0.5	同I₃点	0.3	同I点
	侧省	J、J₁	0	同I点	0.3	同I点
前小片	小肩线	A	0.8	袖窿深档差（0.8）	0.2	领宽档差（0.2）
		B	0.6	肩斜档差（0.2），因A点已推0.8，故该点推0.8-0.2=0.6	0.5	1/2×肩宽档差（1）=0.5
	前领深	C	0.6	前领深档差（0.2），由于A点推0.8，故该点推0.8-0.2=0.6	0	由于是基准线，故不推版
	侧缝线	D	0	由于是基准线，故不推版	1	1/4×胸围档差（4）=1
		E	0	侧缝分割位统码，故不推版	1	同D点
	前中线	F	0.6	前中长统码，因C点已推0.6，故该点推0.6	0	同C点
后衣片	小肩线	A	0.8	袖窿深档差（0.8）	0.2	领宽档差（0.2）
		B	0.6	肩斜档差（0.2），因A点已推0.8，故该点推0.8-0.2=0.6	0.5	1/2×肩宽档差（1）=0.5
	后领深	C	0.75	A点档差0.8-0.05=0.75	0	由于是基准线，故不推版
	胸围线	D	0	由于是基准线，故不推版	1	1/4×胸围档差（4）=1
	腰节线	E	0.2	腰节档差（1），因A点已推0.8，故该点推1-0.8=0.2	0.5	1/4×腰围档差（4）=1
	臀高线	F	0.5	臀高档差（0.3）+0.2=0.5	1	1/4×臀围档差（4）=1

续表

部位名称	部位代号	档差及计算公式			
^	^	纵档差		横档差	
后衣片	衩位 G	0.5	同F点	1	同F点
^	下摆 H	2.2	衣长档差（3）-0.8=2.2	1	1/4×摆围档差（4）=1
^	腰省 K	0	省尖距胸围线的距离统码	0.3	1/3×胸宽档差（1）≈0.3
^	^	K_1、K_2 0.2	同E点	0.3	同K点
^	^	K_3 0.5	同F点	0.3	同K点

旗袍的前小片、领片、前片、后片推版如图4-20至图4-22所示。

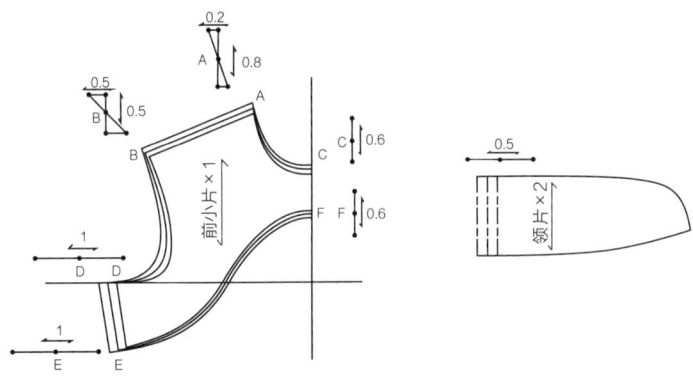

图4-20 旗袍推版图解·前小片、领片

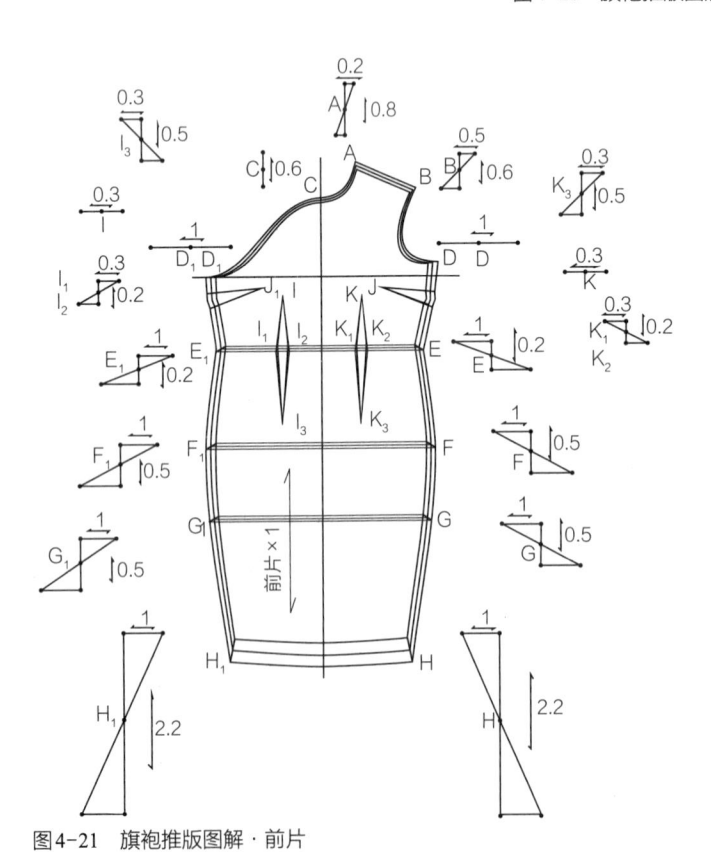

图4-21 旗袍推版图解·前片

图4-22 旗袍推版图解·后片

三、直筒裙推版

直筒裙的特点主要体现在并不完全贴合身材曲线，线条笔直流畅，看起来如同一个"H"，能够修饰身材曲线。同时，直筒裙的下摆通常会做成微A字设计，不仅能够修饰假胯宽问题，还能突出腰部纤细的线条。直筒裙的规格系列设置见表4-10。

表4-10 直筒裙规格系列设置表　　　　　单位：cm

部位尺寸	号型及档差值					
	155/59	160/63	165/67	170/71	175/75	档差值
腰围尺寸	61	65	69	73	77	4
臀围尺寸	90	94	98	102	106	4
裙长尺寸	55	57.5	60	62.5	65	2.5

直筒裙前片、后片的推版图解如图4-23所示。

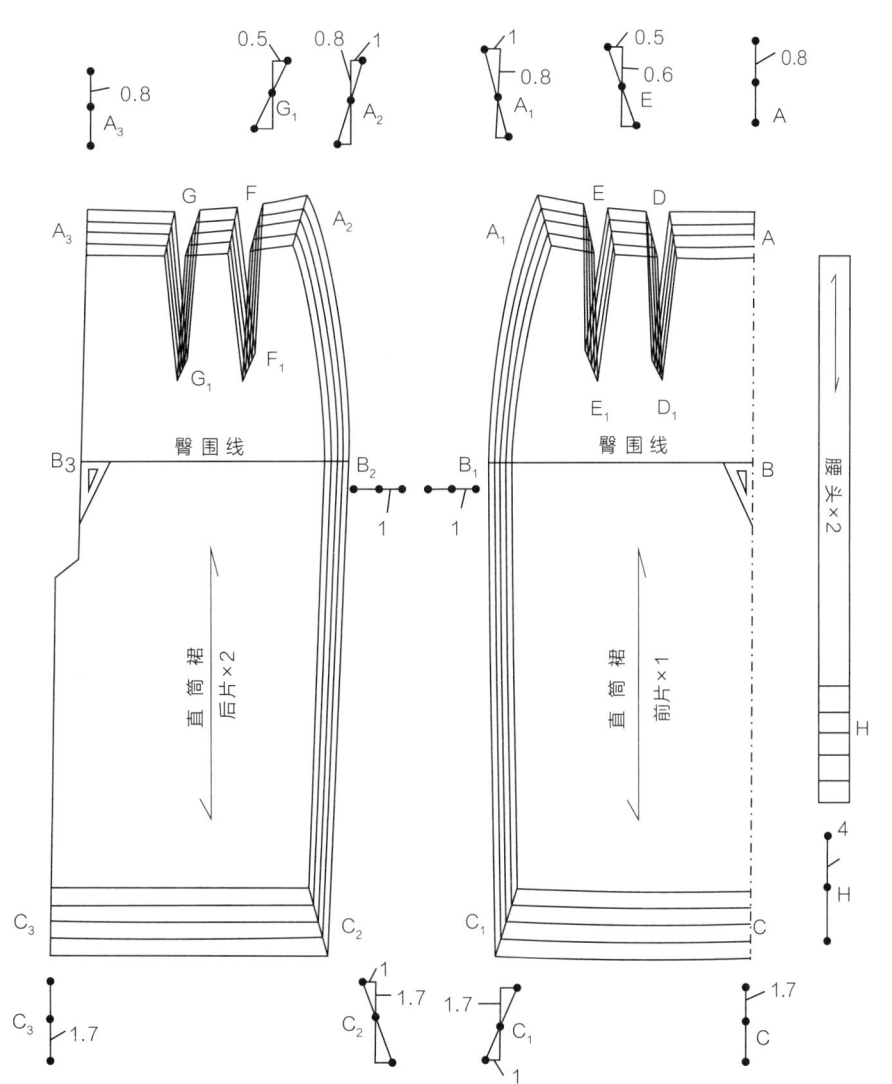

图4-23 直筒裙推版图解·前片、后片、腰头

四、男式西装上衣推版

男式西装的穿着美观最大的要点在于修身。男式西装在采用宽厚的垫肩衬托了男性宽阔平坦的肩膀之后，从腋下部位开始至腰部自然内收，体现男性特有的魅力，可以说是美化体型的最佳选择。男式西装规格系列设置见表4-11。

表4-11 男式西装规格系列设置表　　　　　　　　单位：cm

部位尺寸	160/82	165/86	170/90	175/94	180/98	档差值
衣长尺寸	72	74.5	77	79.5	82	2.5
胸围尺寸	102	106	110	114	118	4
肩宽尺寸	43.5	44.7	45.9	47.1	48.3	1.2
袖长尺寸	59	60.5	62	63.5	65	1.5
袖口尺寸	14	14.5	15	15.5	16	0.5
下袋尺寸	14	14.5	15	15.5	16	0.5
腰节尺寸	40	41.25	42.5	43.75	45	1.25

男式西装上衣前片、后片、大袖片、小袖片、领片的推版图解如图4-24至图4-27所示。

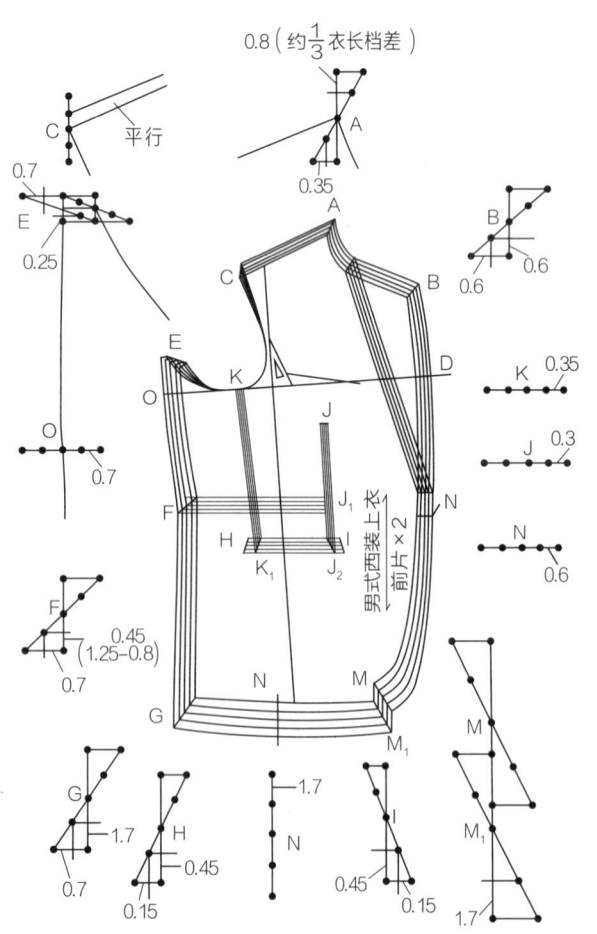

图4-24 男式西装上衣推版图解·前片

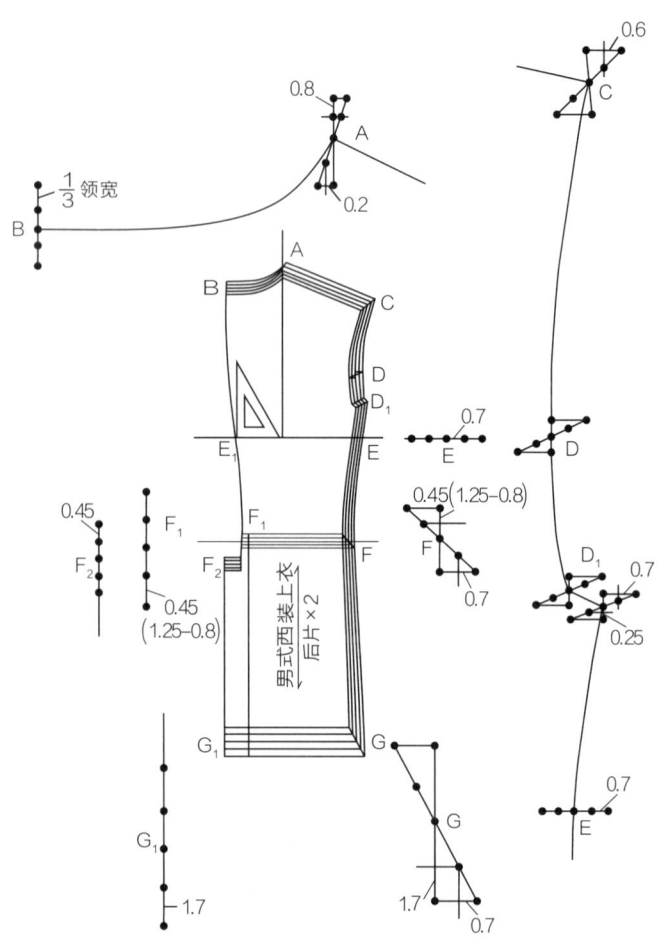

图4-25 男式西装上衣推版图解·后片

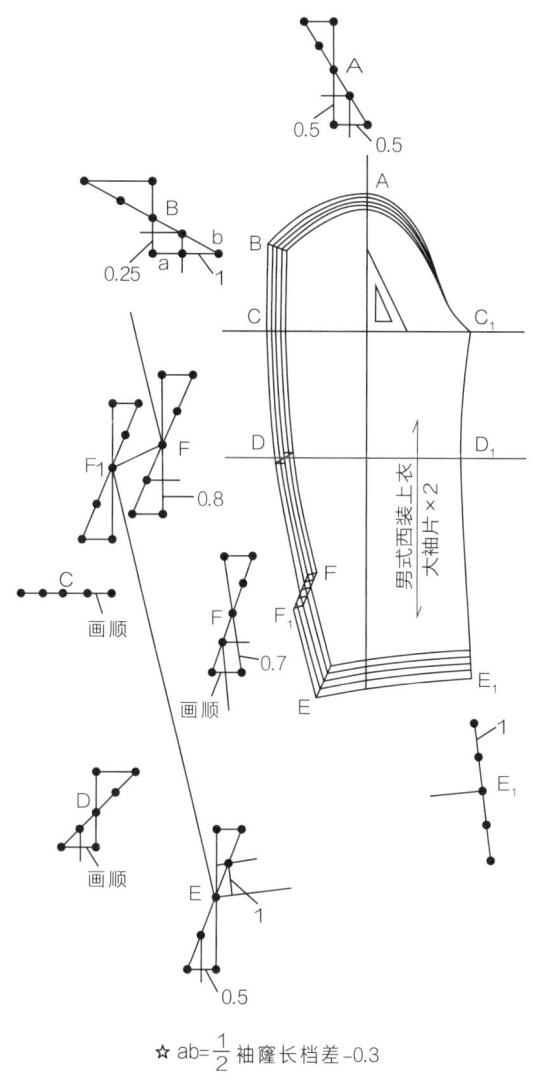

图4-26 男式西装上衣推版图解·大袖片

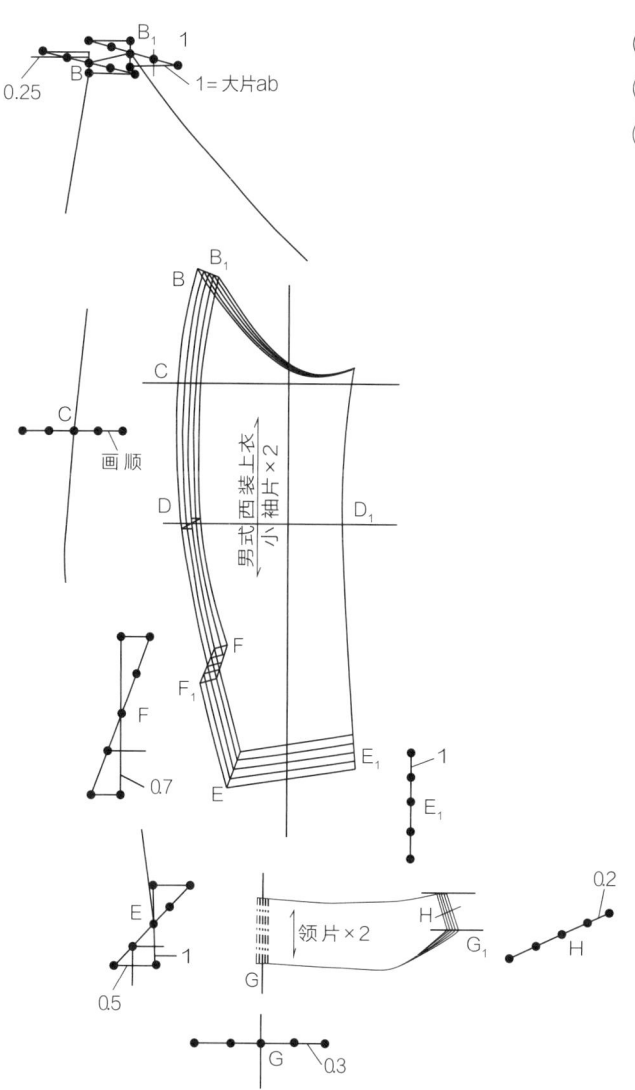

☆ $ab=\frac{1}{2}$袖窿长档差-0.3

图4-27 男式西装上衣推版图解·小袖片、领片

五、男式风衣推版

男式风衣的特点主要体现在其适应性，既具有商务装的功能，又具备休闲装的随意。纯色的风衣更显气质与品味，可以遮住大部分身体，不会显得臃肿，适用于各种场合。男式风衣的规格系列设置见表4-12。

表4-12 男式风衣规格系列设置表　　　　　　　　　　　　单位：cm

部位尺寸	号型及档差值					
	160/82	165/86	170/90	175/94	180/98	档差值
衣长尺寸	106	109	112	115	118	3
胸围尺寸	110	114	118	122	126	4
肩宽尺寸	45.6	46.8	48	49.2	50.4	1.2
袖长尺寸	60	61.5	63	64.5	66	1.5
袖口尺寸	18	18.5	19	19.5	20	0.5
领围尺寸	42	43	44	45	46	1

男式风衣前片、后片、大袖片、小袖片、领片、肩贴片的推版图解如图4-28至图4-30所示。

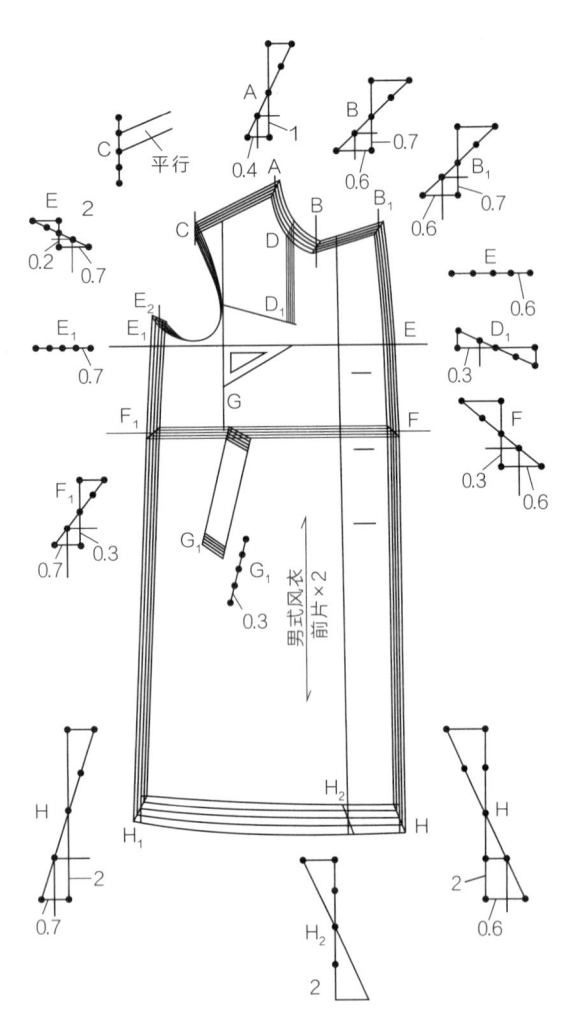

图4-28 男式风衣推版图解·前片

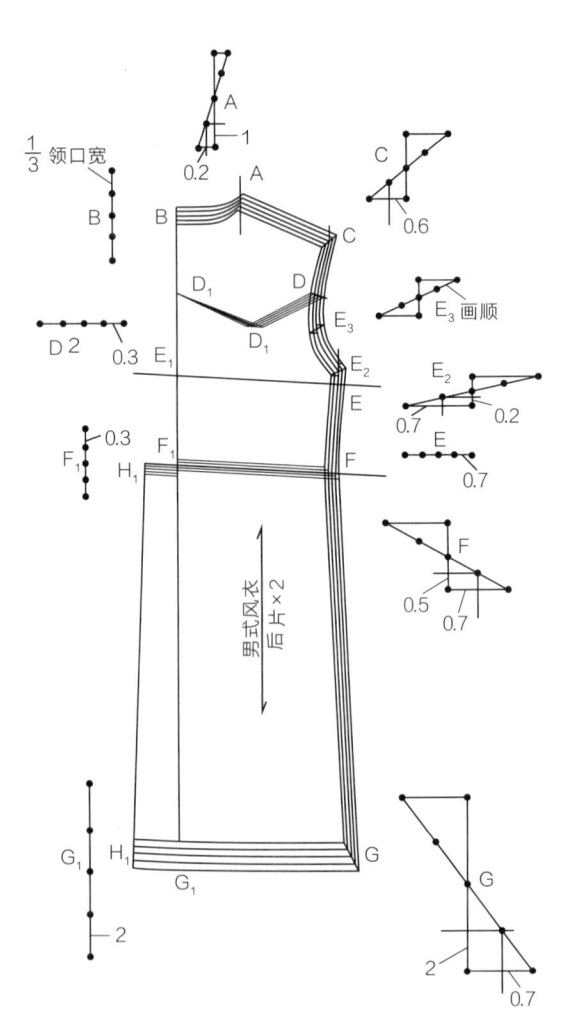

图4-29 男式风衣推版图解·后片

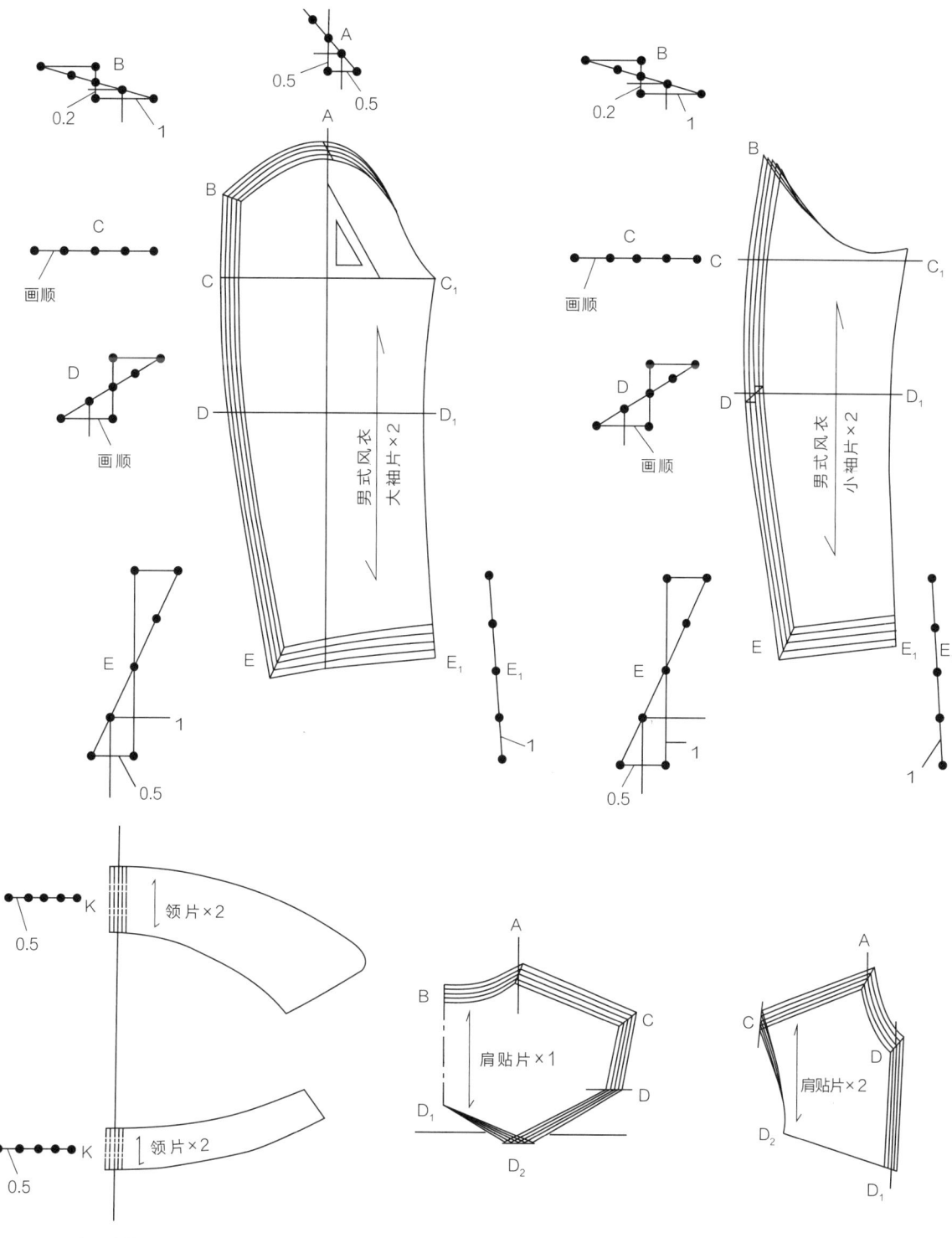

图4-30 男式风衣推版图解·大袖片、小袖片、领片、肩贴片

六、男式夹克推版

该款男式夹克领型为连体企领，前中装拉链，左右前衣片各设一个单嵌线口袋。后中不剖缝，衣身装下摆并收松紧带，袖身为插肩两片袖、装袖克夫、袖口设有碎褶。男式夹克规格尺寸及图示说明见表4-13。

表4-13 男式夹克规格系列设置表　　　　　　　　　　　　　　　　　　　　　单位：cm

部位	号型及档差值			
	部位代号	170/88	175/92	180/96	档差值
衣长	L	60	62	64	2
胸围	B	116	120	124	4
肩宽	S	49.8	51	52.2	1.2
领围	N	45	46	47	1
袖长	SL	58.5	60	61.5	1.5
袖口大（松度）	CW	24.5	25	25.5	0.5
袖口大（拉度）	CW	34.5	35	35.5	0.5
下摆（松度）		86	90	94	4
下摆（拉度）		108	112	116	4

男式夹克工业推版选取中间号型规格样版作为标准母版，前后衣身选定胸围线作为横向公共线，以袖子与衣身的制图套开点作为纵向公共线，前后袖子均以袖子与衣身的制图套开点作为纵横向公共线，在标准母版的基础上推出大号和小号标准样版。各部位档差及计算公式见表4-14。

表4-14 男式夹克各部位档差及计算公式　　　　　　　　　　　　　　　　　单位：cm

部位名称		部位代号	档差及计算公式			
			纵档差		横档差	
前衣片	袖窿深	A	0.8	袖窿深档差B/5	0.4	B点档差0.6-领宽档差0.2
	前领	B	0.6	A点档差0.8-前领深档差0.2	0.6	胸宽档差。1.5/10胸围档差
	衣长	C	1.2	衣长档差2-袖窿深档差0.8	0.6	同B点
		D	1.2	同C点	0.4	胸围档差的1/4-胸宽档差0.6
	前胸围	E	0	是公共线，故不推放	0.4	同D点
		F	0.3	袖窿深档差的1/3	0	由于是公共线，故不推放
	前小肩	A	0.5	袖窿深档差的2/3	0.4	同前衣片A点
		B	0.5	同A点	0.4	同A点
	坐标点	C	0	由于是公共线，故不推放	0	由于是公共线，故不推放

续表

部位名称		部位代号	档差及计算公式			
			纵档差		横档差	
前袖片	袖肥	D	0.3	袖窿深档差的1/3	0.3	袖肥大档差的1/3
		E	0	由于靠近公共线，故不推放	0.5	袖肥大档差0.8-D点档差0.3
	肩端点	F	0	冲肩统码，故不推放	0.5	同E点
	袖口	H	1.5	袖长档差1.5	0	由于靠近公共线，故不推放
		G	1.5	袖长档差1.5	0.5	袖口档差
后衣片	袖窿深	A	0.8	袖窿深档差B/5	0.4	B点档差0.6-领宽档差0.2
	后领	B	0.8	同A点	0.6	背宽档差。1.5/10胸围档差
	衣长	C	1.2	衣长档差2-A点档差0.8	0.6	同B点
		D	1.2	同C点	0.4	胸围档差的1/4-0.6
	后胸围	E	0	由于是公共线，故不推放	0.4	胸围档差的1/4-0.6
	背宽点	F	0.3	袖窿深档差的1/3	0	由于是公共线，故不推放
后袖片	后小肩	A	0.5	袖窿深档差的2/3	0.4	同后衣片A点
		B	0.5	同A点	0.4	同A点
	坐标点	C	0	由于是公共线，故不推放	0	由于是公共线，故不推放
	袖肥	D	0.3	袖窿深档差的1/3	0.3	袖肥大档差的1/3
		E	0	由于靠近公共线，故不推放	0.5	袖肥大档差0.8-D点档差0.3
	肩端点	F	0	冲肩统码，故不推放	0.5	同E点
	袖口	G	1.5	袖长档差1.5	0	由于靠近公共线，故不推放
		H	1.5	袖长档差1.5	0.5	袖口档差0.5

男式夹克前片、前袖片、后片、后袖片推版图解如图4-31至图4-34所示。

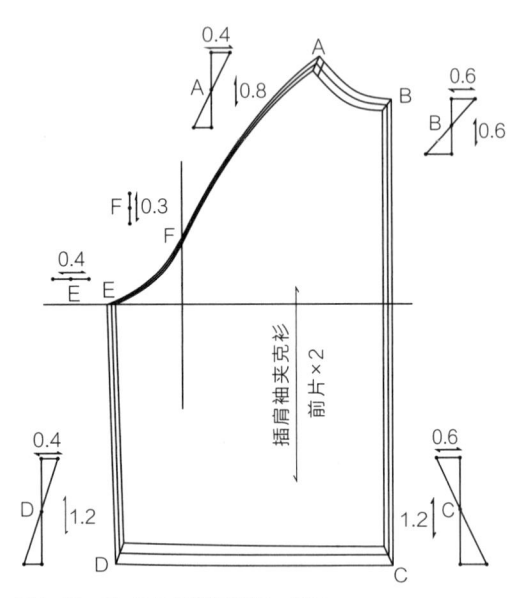

图4-31 男式夹克推版图解·前片

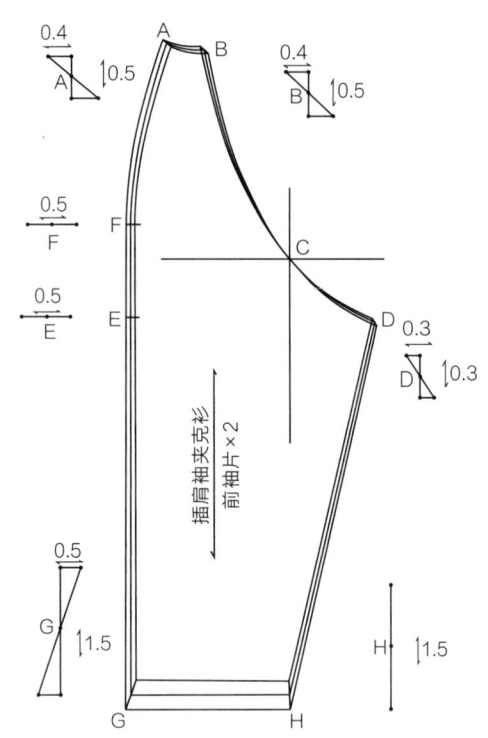

图4-32 男式夹克推版图解·前袖片

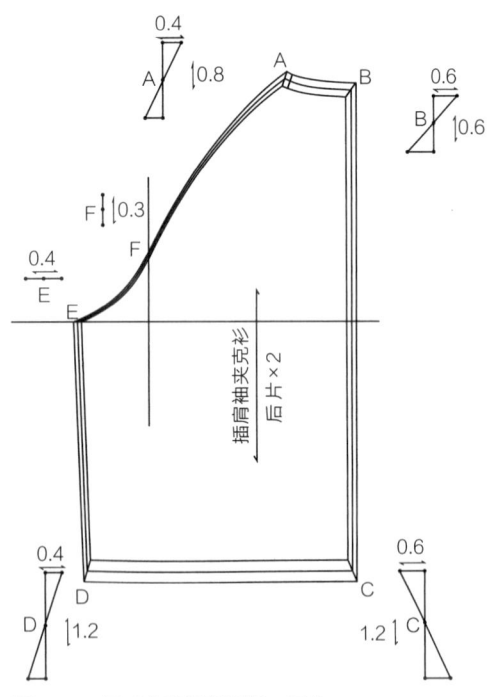

图4-33 男式夹克推版图解·后片

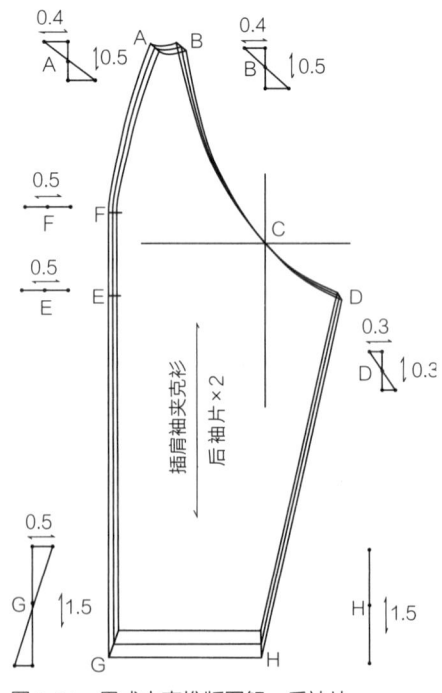

图4-34 男式夹克推版图解·后袖片

思考题

1. 服装整体推版与局部推版的概念包括哪些？服装推版的要求及注意事项有哪些？

2. 服装工业推版的方法有哪些？

实训题

1. 根据服装工业推版的方法，以小组为单位，对某一款式服装进行推档。

2. 搜集一组服装造型的图片，进行分析和判断，思考并讨论运用什么推档方法更加适合。

第五章
服装排料

重要知识点： 1.了解服装排料的基本知识，包括服装排料的要求、方法和排料实例的说明，以此为范例进行其他服装的排料。

2.服装排料的方法包括折叠排料法、单层排料法、多层平铺排料法、套裁排料法、紧密排料法、合理排料法等。通过对常用服装的排料实例讲解，来掌握服装排料的技巧和注意事项。

教学目标： 1.从理论角度使学生了解服装排料的基本要求与方法，并通过实例说明让学生进一步熟悉。

2.根据服装排料的方法以及排料的注意事项，要求学生在课堂上进行排料训练，熟悉服装排料的基本程序与消料计算。

3.使学生学会不同服装耗料的计算。

教学准备： 准备不同款式的排料实例，以便课上举例详细演示如何排料，并根据服装排料的不同方法进行对比学习。

服装排版（排料）是成衣工厂必不可少的一个生产环节（也是家庭及个体制作服装时必须要考虑的问题），如果不掌握一定的排版知识，那么就会出现排版不当甚至排料错误，会给企业造成重大的经济损失和时间损失，所以学习和掌握正确的服装排版知识很有必要，也是必需的。服装工业化生产的目的是合理地利用生产条件充分提高生产效率，有效节约原材料。服装排料是对面料使用方法及使用量所进行的有计划的工艺操作。服装材料的使用方法在服装制作中非常重要，材料使用不当会给制作造成困难，甚至影响服装的质量和效果。排料是服装生产过程中的前道工序，是企业进行生产管理和技术管理的关键环节，关系到产品的生产成本及企业的经济效益。

第一节　服装排料概述

排料又称为工业样版的制定、排唛架、画皮等。它是指按照服装数量配比在面料或纸张上画出生产裁剪样版。排料是一项技术性很强的设计工作，由企业的样版师负责完成。排料效果的好坏对材料耗用标准、经济效益、产品质量等都有直接的关系，在服装生产中是一项关键性工作。其目的是使面料的利用率达到最高，以降低生产成本，同时给铺料、裁剪等工序提供可行的依据。

一、服装排料的原则

服装纸样排料应适应生产加工的条件和要求，排料时应注意样版的正反面以及服装部位的对称性，以免出现"一顺"现象。排料时应留意面料的方向性和面料表面外观特性，注意丝缕方向的处理，注意布面绒毛、光泽、图案、条格的变化规律和风格特征，避免服装外观出现差错。还要注意面料的色差，不导致视觉差异过大即可。最后，排料方案应节约用料，降低材料损耗。排料是技术性很强的工作，只有通过长期的实践并总结经验，发掘技巧，才能成为一名合格的排料师。根据生产经验，提高面料的利用率可从以下几方面着手。

（一）先大后小

排料时先排放主要的大衣片，再排放小衣片。小衣片应尽量穿插在大衣片之间的空隙处为佳，以减少浪费。

（二）大小搭配

当同一床上排不同规格的服装时，可将不同规格大小的样版相互搭配，调剂摆放，使衣片间能取长补短，实现合理用料。

（三）缺口合并

当样版不能紧密套排，不可避免地出现缝隙时，可将两片样版的缺口合并，使空隙加大，在空隙中再排入其他小片样版。

（四）紧密套排

样版形态各异，差异较大，其边线有直有弧、有斜有弯、有凹有凸，锐钝不等，排料时应根据其特征采取直对直、斜对斜、凸对凹或方对方来加大凹部范围，便于其他衣片的排放，应尽量减少衣片间的空隙。（图5-1）

此外，调剂平衡，采取组缝衣片之间的"借"与"还"，在保证服装部位规格尺寸不变的情况下，只是调整衣片缝合线相对位置，以提高排版利用率；化整为零，即将某些次要部位的衣片，如里襟、挂面、夹里等，可将原整片分割成若干小片，便于排料于空隙部位，待缝制时拼装而成；丝缕调整，在有标准范围内，或征得客户同意，据衣片使用部位不同及面料结构不同，在一定范围内可以倾斜丝缕，以便排料省料。这三种处理方法一般先不宜选用，容易给生产带来麻烦，若按常规排料，省料不现实，才考虑用该方法，但必须供需双方都认可。

二、服装排料的要求

在服装排料的过程中，遵循排料原则的基础上，需要满足对材料、拼接、画样等方面的要求，以提高服装排料的利用率。

（一）材料要求

1. 确认面料正反和衣片左右

大多数服装面料都具有正反面的，而服装制作的要求一般是使用面料的工艺正面作为服装的表面。同时，服装结构中有许多衣片具有对称性，例如上衣的袖子、裤子的前后片等。因此，排料就是要既保证面料正反一致，又要保证衣片的对称，避免出现"一顺"现象。

2. 确认面料丝纱的方向

服装面料是有方向性的。其方向性表现在两个方面：

其一，面料有经向、纬向和斜向之分。在服装制作过程中，不同特性面料的经向和纬向表现出不同的性能。例如，经向挺拔垂直，不易伸长变形；纬向略有伸长；斜向易变形但围成圆时自然、丰满。因此不同衣片在用料上有直料、横料与斜料之分。一般情况下，在排料时，应根据样版上标出的经纱方向，把它与布料的布边方向平行一致，如有偏差需在国家规定的范围之内。

其二，当从两个相反方向观看面料表面状态时，具有不同的特征和规律。例如：表面起绒或起毛的面料，沿经向毛绒的排列就具有方向性，不同方向的手感也不相同，即顺倒毛现象。当从不同方向看面料时，还会发现不同的光泽、色泽或闪光效应，有些条格面料，颜色的搭配或者条格的变化也有方向性，还有些面料的图案花纹也具有方向性。因此，对于具有方向性的面料，排料时就要特别注意衣片的方向问题，要按照设计和工艺要求，保证衣片外观的一致和对称，避免图案倒置。

（二）拼接要求

服装的主附件、零部件在不影响产品标准、规格、质量要求的情况下，允许拼接互借，但要

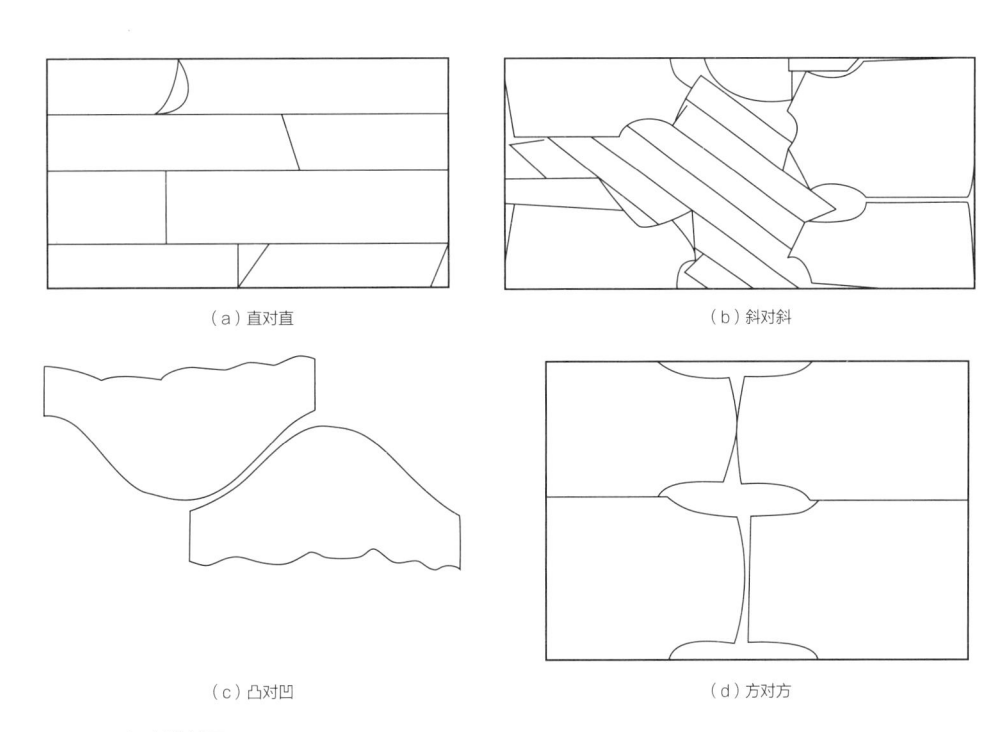

（a）直对直

（b）斜对斜

（c）凸对凹

（d）方对方

图 5-1　紧密排料图

符合国家标准规定。在有潜力可挖的情况下，尽量不拼接，以减少缝制工作量，提高效率。具体要求示例如下。

上衣、大衣的挂面允许在门襟最末一粒扣下2cm处可以拼接，但不能短于15cm。西装上衣的领里可以斜料对接，但只限于后领部位。衬衫胸围前后身可以互借，但袖窿保持原版不变，前身最好不要借；袖子允许拼接，但不大于袖围的1/40。男女裤的后裆允许拼角，但长度不超过20cm，宽度在3至7cm之间，如图5-2所示。

国家标准中对各种服装主要品种对条、对格都有明确而严格的技术要求，如男女衬衫、男女单服、男女毛呢大衣等，见表5-1、表5-2。

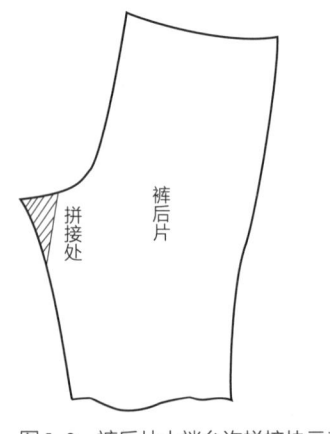

图5-2 裤后片大裆允许拼接块示意图

表5-1 部位对条、对格规定

品种	部位	对条对格规定	备注
男女衬衫	左右前身	条料顺直，格料对横，两片互比条格差不大于0.4cm	遇格子大小不一致时，以前身长1/3上部为主
	袋与前身	条料对条，格料对格，两者互比条格差不大于0.3cm	遇格子大小不一致时，以袋前部的中心为准
	斜料双袋	左右对称，互比条格差不大于0.5cm	以明显条格为主（阴阳条格例外）
	左右领尖	条格对称，互比条格差不大于0.3cm	遇有阴阳条格，以明显条格为主
	袖头	左右袖头，条格料以直条对称，互比条格差不大于0.3cm	以明显条格为主
	后过肩	条料顺直，两端互比差不大于0.4cm	
	长袖	格料袖，以袖山为准，两袖对称，互比条格差不大于1cm	5cm以下格料不对横
	短袖	格料袖，以袖口为准，两袖对称，互比条格差不大于0.5cm	3cm以下格料不对横
男女单上衣	左右前身	条料基本顺直，格料对横，两者互比条格差不大于0.4cm	遇格子大小不一致时，以衣长1/3上部为主
	袋与前身	条料对条，格料对横，两者互比条格差不大于0.4cm，斜料贴袋，左右对称，条格差不大于0.5cm	阴阳条格例外。遇格子大小不一致时，以袋前部为主
	左右领尖	条格对称，互比条格差不大于0.3cm	遇有阴阳条格，以明显条格为主
	袖子	条料顺直，格料对横，以袖山为准，两袖对称，互比条格差不大于1cm	
普通男女裤	裤侧缝	中裆线以下对横，前后片互比差不大于0.4cm	

表5-2　男女毛呢上衣、大衣、裤子明显条纹在1cm以上的对条、对格规定

品种	部位	对条、对格规定 高档	对条、对格规定 中档
男毛呢大衣	左右前身	由上至下第四眼位（中山装）起，每片条纹倾斜不大于0.3cm	与高档同
	袋与前身	条料对条，格料对格，两者互比条格是不大于0.2cm	对条对格，袋与衣身差不大于0.3cm
	袖与前身	格料对横，袖与身互比格差不大于0.4cm	格料对横，互比格差不大于0.6cm
	背缝	以上部为准，条料对条，格料对横，背缝两片互比差不大于0.2cm	同高档，但两片差可不大于0.3cm
	领子驳头	条格料，领尖、驳头左右对称，两边互比差不大于0.3cm	同高档，当两边互比差可不大于0.4cm
	上衣侧缝	格料对横，前后片对格差不大于0.3cm	同高档，但互比差不大于0.4cm
	袖子	条格顺直，以袖山为准，两袖对称，两袖互比差不大于0.5cm	同高档，但互比差不大于0.8cm
女毛呢大衣	左右前身	胸部以下条料顺直，格料对横，两片对条对格，互比差不大于0.3cm，斜料对称	同高档，但两者差不大于0.4cm
	袋与前身	条料对条，格料对横，袋与身比差不大于0.2cm，斜料对换，两者互比差不大于0.4cm	同高档，但两者差分别可不大于0.4cm、0.6cm
	袖与前身	格料对横，袖与身互比格差不大于0.4cm	同高档，但两者差不大于0.6cm
	背缝	以上部为准，条料对条，格料对横，两片对条对格互比差不大于0.2cm	同高档，但两片差不大于0.3cm
	领子驳头	条格料，领尖、驳头左右对称，两边互比差不大于0.3cm	同高档，但两边比差可不大于0.4cm
	袖子	条格顺直，以袖山为准，两袖对称，两袖互比差不大于0.5cm	同高档，但两袖差不大于0.8cm
	上衣侧缝	格料对横，前后片对格差不大于0.3cm	同高档，但互比差不大于0.4cm
男女毛呢裤	裤侧缝	侧缝袋口10cm以下，格料对横，前后片对格差不大于0.3cm	同高档，但互比差不大于0.5cm
	前后下裆缝	条料对条，格料对横，前后比差不大于0.4cm	同高档，但互比差不大于0.6cm
	袋盖与后身	条料对条，格料对格，两者互比差不大于0.3cm	同高档，两者互比差不大于0.4cm

（三）画样要求

画样线条是推刀裁剪的依据，画线的质量直接影响裁片的规格质量。具体要求如下。

画线要先把样版摆准、固定，紧贴样版画线。手势要准确、不能晃动歪斜，偏离样版，尤其要掌握好凹凸弧线、拐弯、折角、尖角等，折向部位要画准、画顺。用力要适当，用力过大容易使轻、柔、薄原料伸长，造成推刀不准；用力过轻使线条不清或易脱落，也会给推刀带来影响。

线条要窄细、清晰、准确，不能画双道线、粗线，不能断断续续、模模糊糊，以免影响推刀路线的准确性，产生线向里、向外的误差，影响裁片和零部件的规格或部件形状。

画具要好，画粉要削薄，笔要削细，要根据各种产品原料的质地和颜色选择不同的画粉。衬

衫、衣裙等衣料纱支较细，质地较薄软，颜色较浅，一般用铅笔画；服装布料较厚，色较深，可选白色铅笔或滑石片画；毛呢料因厚重、色深、纱支较粗，可选画粉画。画线所使用颜色的选择要十分注意，既要明显、清楚、易辨，又要防止污染衣料，不宜用大红、大绿的色粉、色笔画样，以免色泛至正面。同时也要防止画错后擦不掉、洗不净，造成换片损耗。尤其忌用含有油脂的圆珠笔、画笔等极易污染衣料的画具画样。

刀位眼、钻眼等标记符号在服装批量裁剪中，起着标明缝份窄宽、省缝大小、袋位高低、左右部件对称以及其他零部件位置的固定作用。有的用打眼作标记，有的不打眼、用有色笔点眼作标记。所有标记符号都要求点准、打准，不能漏点、错点或多点。还必须对所画裁片的规格、上下层作标记，用符号写清注明，以利于分色、编号、发片，这都是不可疏忽的工作。

综上所述，排料画样要求：部件齐全，排列紧凑，套排合理，丝缕正确，拼接适当，减少空隙，两端齐口。两端齐口是指布料的两个边不得留空当，既要符合质量要求，又要节约原材料。

三、画样方法

排料的结果要通过画样绘制出裁剪图，以此作为裁剪工序的依据。画样的方式有纸皮画样、面料画样、漏版画样、计算机画样等。

（一）纸皮画样

排料在一张与面料幅宽相同的薄纸上进行，排好后用铅笔将每个样版的形状画在各自排定的部位便得到一张排料图。裁剪时，将这张排料图铺在面料上，沿着图上的轮廓线与面料一起裁剪，此排料图只可使用一次。采用这种方式画样比较方便。

（二）面料画样

将样版直接在面料上进行排料，排好后用画笔将样版形状画在面料上，铺布时将这块画料铺在最上层，按面料上画出的样版轮廓线进行裁剪。这种画样方式节省了用纸，但遇颜色较深的面料时，画样不如纸皮画样清晰，并且不易改动，需要对条格的面料则必须采用这种画样方式。

（三）漏版画样

排料在一张与面料幅宽相等、平挺光滑、耐用不缩的纸版上进行。排好后先用铅笔画出排料图，然后按画线准确打出细密小孔，得到一张由小孔连线而成的排料图，此排料图称为漏版。将此漏版铺在面料上，用小刷子蘸上粉末，沿小孔涂刷，此粉末漏过小孔，在面料上显出样版的形状，作为开裁的依据。采用这种画样方式制成的漏版可多次使用，适合大批量服装产品的生产。

（四）计算机画样（服装CAD）

将样版形状输入电子计算机，利用计算机进行排料，排好后可由计算机控制的绘图机把结果自动绘制成排料图。计算机排料又可分为自动排料和手工排料。计算机自动排料，速度快，可大大节省技术人员的工作时间，提高生产效率，但其缺点是材料利用率低，一般不采用。因此，在实际生产中常采用人工设计排料与计算机排料相结合的方式绘制排料图，这样既能节省时间又能提高面料利用率。

排料图是裁剪工序的重要依据，因此要求画得准确、清晰。手工画样时，样版要固定不动，紧贴面料或图纸，手持画样，紧靠样版轮廓连贯画样，使线迹顺直圆滑，无间断，无双轨线迹。遇有修改，要清除原迹或做出明确标记，以防误认。画样的颜色要明显，但要防止污染面料。

第二节 服装排料方法

服装工业化生产的目的是合理地利用生产条件充分提高生产效率，有效节约原材料。排料与算料是服装工业生产的重要部分，也是服装工业纸样设计中不可缺少的一个部分。合理地进行排料与算料是控制成本、降低损耗、提高利润的有效方法；反之，将造成不可弥补的经济损失。因此，掌握排料与算料的方法对于服装工业生产中原材料的节约具有举足轻重的作用。

一、服装排料基本方法

服装排料基本方法有很多种，本节主要介绍6种排料方法，包括折叠排料法、单层排料法、多层平铺排料法、套裁排料法、紧密排料法、合理排料法。

（一）折叠排料法

折叠排料法是指将布料折叠成双层后再进行排料的一种排料方法，这种排料方法较适合家庭少量制作服装时采用，也适合成衣工厂制作样衣时采用。折叠排料法省时省料，不会出现裁片"同顺"的错误。纬向对折排料适用于除倒顺毛和有图案织物外的面料，在排料中要注意样版的丝缕与布料的丝缕相同。经向对折排料适用于除鸳鸯条、格子及图案织物外的面料，其排料方法与纬向对折排料方法基本相同。对于两段有色差的面料，应注意避免色差影响或者选用其他方法排料。对有倒顺毛、倒顺花的衣料不能采用此法，因为会出现上层顺、下层倒的现象。

（二）单层排料法

单层排料法是指布料单层全部平展开来进行排料的一种方法。对规格、式样不一样的裁片，采用单面画样、铺料，可增加套排的可能性，保证倒顺毛和左右不对称条料不错乱颠倒。但由于是单面画样、铺料，左右两片对称部位容易产生误差。

（三）多层平铺排料法

多层平铺排料法是指将面料全部以平面展开后进行多层重叠，然后用电动裁刀剪开各衣片，该排料法适用于成衣工厂的排料。布料背对背或面对面多层平铺排料，适合于对称式服装的排料。如遇到有倒顺毛、条格和花纹图案的面料时一定要慎重，在左右部位对称的情况下，设计倒顺毛向上或向下保持一致。有上下方向感的花纹面料排料时要设计各裁片的花纹图案统一朝上。

（四）套裁排料法

套裁排料法是指两件或两件以上的服装同时排料的一种排料法，该排料法主要适合家庭及个人为节省面料和提高面料利用率的一种方法。

（五）紧密排料法

紧密排料法的要求是，尽可能地利用最少的面料排出最多的裁片，其基本方法是：

先长后短，如前后裤片先排，然后再排其他较短的裁片。

先大后小，如先排前后衣片、袖片，然后再排较小的裁片。

先主后次，如先排暴露在外面的袋面、领面等，然后再排次要的裁片。

见缝插针，排料时要利用最佳排列原理，在各个裁片形状相吻合的情况下，利用一切可利用的面料。

见空就用，在排料时如看到有较大的面料空隙时，可以通过重新排料组合，或者利用一些边料进行拼接，以最大程度地节约面料，降低服装成本。

（六）合理排料法

这种方法是指排料不仅要追求省时省料，同

时还要全面分析排料布局的科学性、专业标准性和正确性。要根据款式的特点，从实际情况出发，随机应变、物尽其用。

1. 避免色差

一般有较严重色差的面料是不可用的，但有时色差很小或不得不用时，我们就要考虑如何合理地排料了。一般布料两边的色泽质量相对较差，所以在排料时要尽量将裤子的内侧缝线排放在面料两侧，因为外侧缝线的位置在视觉上要比内侧缝的位置重要得多。

2. 合理拼接

在考虑充分利用面料的同时，挂面、领里、腰头、袋布等部件的裁剪通常可采用拼接的方法。例如，领里部分可以多次拼接，挂面部分也可以拼接，但是不要拼在最上面的一粒纽扣的上部或最下面一粒纽扣的下面，否则会有损美观。

3. 图案对接

在排有图案的面料时，一定要进行计算和试排料来求得正确的图案之吻合，使排料符合专业要求。

4. 丝缕一致

按设计要求使版的丝缕与面料的丝缕保持一致，如图5-3所示。

二、服装铺料程序

铺料是依据裁剪分床方案，把服装材料按照一定的长度和层数铺在裁床上，它是批量裁剪中的一项重要技术工作。铺料前需要做一些相应的准备工作，避免失误。同时铺料也要注意一些问题，合理使用布料。对于铺料的方式也可以进行一些选择。

（一）铺料前的准备工作

1. 领取排料画样图版

把1∶1的实际操作图和排料画样缩小图进行比较和核对，判断其是否有差误。

2. 核查和校对

向排料画样操作者领取本批产品所应画样的数量、规格、色号、搭配表和搭配明细分单，进行核查和校对，以便确定铺料方案。

3. 领取原辅材料

根据生产任务通知单的规定和要求，到仓库领取必需的全部原辅料。

4. 核对材料门幅

对领来的衣料、辅料，首先弄清各档排料画样图的门幅宽窄及衣料门幅的宽窄有无差异；其次初步计算出各匹衣料长度，并选择比较合适的铺料接头处。

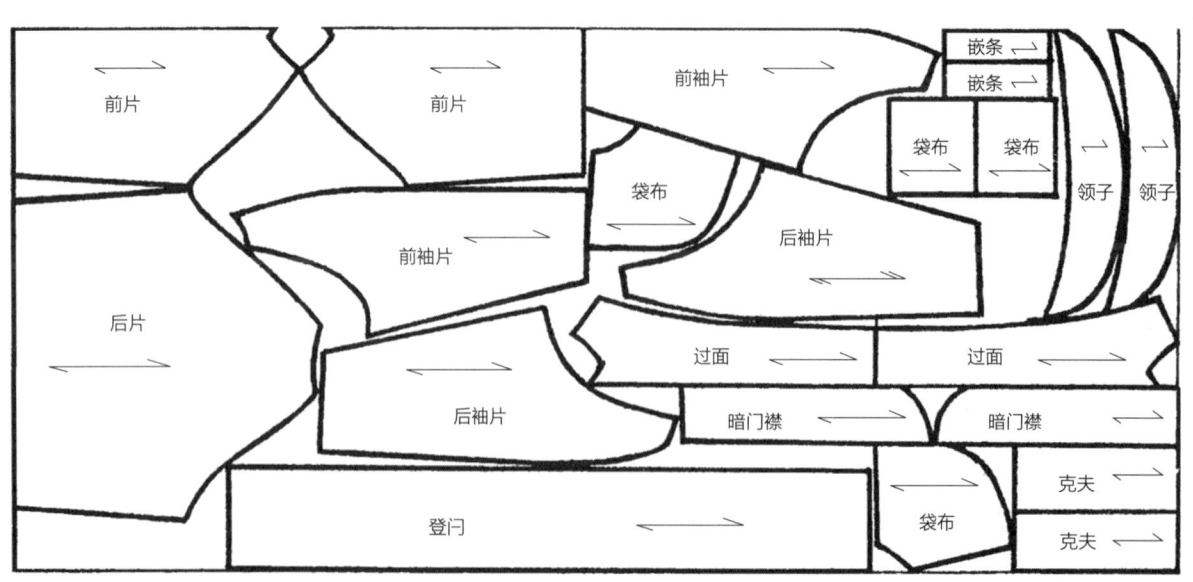

图5-3 丝缕一致排版示意图

（二）铺料时要注意的问题

1.布匹的合理使用

根据二级排料图，排料图长的先铺，短的后铺，布料长度与排料图成倍数的要整理在一起，以减少铺料布头冲剪损耗。

2.衔接位置的合理选择

为了节约布料，当布匹色号、花型一样时，铺料可以在合理的位置衔接。衔接位置可以选择样版在经向相互交错较短的部位，铺料布匹交错的长度就是样版交错的长度。在确定二级排料图后，铺料衔接的位置要标记在裁床的边沿，开裁后依此及时拿出余料。

3.色差、残疵的避让

布匹上的色差、残疵在铺料时要避开，可以采用冲断、调头翻身等方法，实在无法避开的，要在裁剪后换片。

4.对条、对格铺料

要考虑上下层布料的对条、对格，一般每间隔25cm左右将上下层相同的条格固定。

5.铺层的平整性

铺料要使每层布匹平服、松紧适宜、丝缕顺直。

（三）铺料方式选择

根据衣料的花型图案、条格状况、服装品种、款式和批量大小的不同，铺料方式归纳为4种：来回对合铺料、单层一个面向铺料、翻身对合铺料、双幅对折铺料。在实际操作中，有时交替使用，有时只选择其中最适宜的一种方法。

1.来回对合铺料（俗称双跑皮）

来回对合铺料是指在一层料铺到头后，折回再铺，即布料正面对正面、反面对反面的铺料方法。这种铺料后的裁片上下对称性高。根据布料的特点又可以分为双程对合铺料和单程对合铺料。当布料无特殊性要求，即无倒顺、无条格特点时可以采用双程对合铺料，如图5-4所示。当布料有倒顺毛、倒顺花、倒顺条格时，可以采用单程对合铺料，如图5-5所示，这种方式不一定每铺一层都要冲断（剪断）。适用的范围是无花纹的素色衣料、无规则的花型图案即倒顺不分的印花和色织衣料、裁片和零部件对称的产品。

来回对合铺料的优点是对称性裁片比较准确，利于节约原料，采用不冲断可提高工作效率。缺点是对于两端有色差的衣料，难以避免色差影响，对有倒顺毛、倒顺花的衣料不能采用此法，因为会出现上层顺、下层倒的现象。

2.单层一个面向铺料（俗称单跑皮）

单层一个面向铺料是指在一层衣料铺到头后冲断、夹牢，将布头拉回起点，再进行第二次铺料。每一层料以正面向下铺为宜，如果淡色料或容易拉毛、起球的衣料，为防止推刀时裁片移位、拉毛而弄脏衣料，在台版上先铺上一层纸。这种铺料方式与排料画样有关，适用于左右片不对称或需单片打眼定位的服装。根据布的特点又可以分为单程同一面向排料和双程同一面向排料。当面料有倒顺毛、倒顺花型、倒顺条格时，可以采用单程同一面向铺料，如图5-6所示。

适用的范围是经向左右是不对称的条子衣料、左右不对称的鸳鸯格衣料、有倒顺毛衣料，服装的左右两边造型不同。

单层一个面向铺料优点是对规格、式样不一

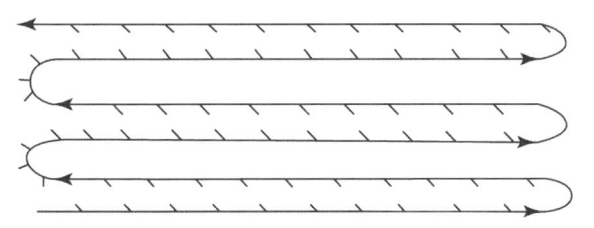

图5-4　双程对合铺料

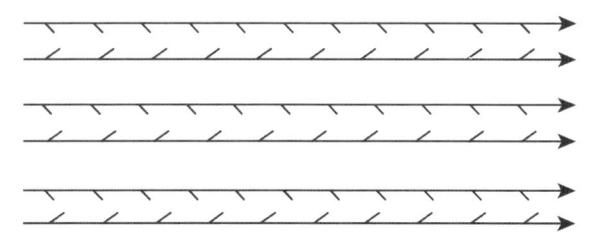

图5-5　单程对合铺料

(a)　　　　　　　　　　　　　　(b)

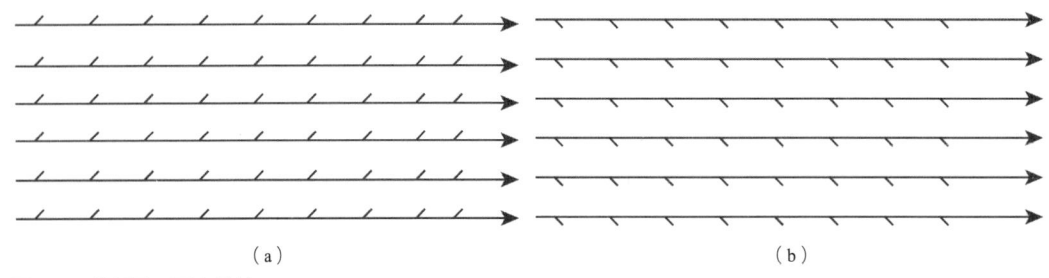

图5-6　单程同一面向铺料

样的裁片，采用单面画样、铺料，可增加套排的可能性，保证倒顺毛和左右不对称条料不错乱、不颠倒。缺点是因为单面画样、铺料，左右两片对称部位容易产生误差。

3. 翻身对合铺料

翻身对合铺料是指一层衣料铺到头后，将衣料冲断翻身铺上。即一层翻身，一层不翻身，两层衣料正面朝里对合铺，使上下每层的绒毛方向、倒顺花图案一致吻合。采用这种方式铺料，主要由衣料上的花型、绒毛所决定的。如采取其他方式或者任意铺料就会使同一件产品的裁片有倒、有顺。图5-7为双程同一面向铺料。

这种铺料适用的范围是左右两片需要对条、对格、对花的产品，用冲断翻身对合铺料，在铺料时上下层对准条、格、花，可使左右两片条、格、花对准；有倒顺花图案的衣料，或图案中的花型虽然有倒、有顺，但主体花型是不可倒置的衣料；有倒顺毛的衣料；上下条格不相对称的鸳鸯格衣料。

翻身对合铺料的优点是使产品表面绒毛和倒顺花型图案顺向一致，使对格、对花产品容易对准；使裁片的对称性好，刀眼、钻眼精确度高；方便缝制，对称的两片对合在一起，操作时由上往下按顺序取片，方便而不错片，并便于缝制。缺点是在铺料时需要剪断翻身铺上，操作较麻烦。

4. 双幅对折铺料

双幅对折铺料是指布料幅宽在144至152cm的毛呢厚料。这种门幅衣料如未用于裁剪裤子，可以六幅排六条和八幅排九条，一般是把衣料门幅摊开铺料。但在裁男、女上衣时，为了方便画样、推刀，宜于采用把双幅对折正面朝里的铺料方式，尤其最适用于小批量对格衣料的裁剪。布料经向横截面示意图说明如图5-8所示。

适用的范围是用宽幅料裁剪小批量的男、女上衣，宽幅料需要对格的产品，宽幅料中间有纬斜或门幅两边与中间有色差的衣料。

双幅对折铺料的优点是使对称的格、条的裁片，其长短、大小对格准确。缺点是由于门幅相对变换（宽变窄），不易套排画样。

上述4种铺料方式是在一般情况下选用，如遇特殊情况，如有些宽幅丝绸衣料的两边色差较明显，宽幅摊开、对折都难以避让色差，则宜采取宽幅剖开成单幅（窄幅）后铺料。各种铺料方

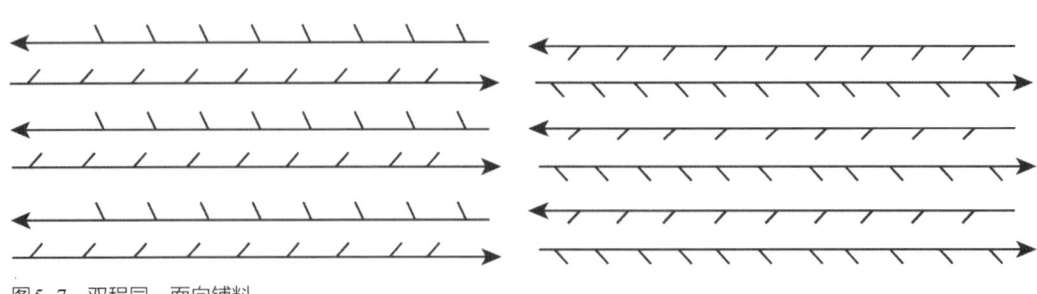

图5-7　双程同一面向铺料

图5-8 布料经向横截面示意图

式要综合、灵活运用，取长补短，以适应多种衣料要求。

（四）铺料层数选择

铺料层数与生产效率成正比，铺料层数越多，同一批裁片的数量也就越多，工作效率也就越高，但层数的多少受多种条件、因素的制约，否则任意增加层数反而影响裁剪质量，达不到高效、优质的目的。因此铺料层数的选择，要考虑以下4个方面的因素和条件。

要考虑规格搭配，各档规格的数量和搭配比例是铺料层数多少的主要根据，必须按搭配数量考虑层数的安排。

要考虑布料的质地、花型在允许范围内，对质地薄软、结构较松的材料，推刀的铺料层数可适当多一些；对质地较紧、较厚、较硬的，以及不易铺齐、推刀阻力大且容易滑动的衣料，要适当减少层数。裁同样数量的产品，如遇衣料两端有色差，为了减少色差影响，减少套排件数，铺料层数应适当增加，以补件套数量的不足。对格、对花产品，如遇格子、花纹、花型不匀时，会减少排件数，因此铺料也应增加以补套件数量的不足。

要考虑推刀技术，铺料层数的多少与推刀操作者的技术有密切关系。如绸料铺料的推刀，技术熟练的操作者可推刀分割300至400层，上下层的误差很小，能保证裁片质量；反之，技术较差的操作者推刀分割200层，也会出现裁片歪斜不齐的质量问题，增加修片的难度。

要考虑刀具的功能。目前使用的电剪刀一般有两种规格：大型电剪刀刀片长220mm，可分割的铺料厚度最高可达160mm；而小型电剪刀刀片长170mm，可分割的辅料厚度最高只能100mm。

三、服装排料消料计算

在现代快节奏的生活中，挑战时间就是挑战机遇。因此，越来越多的客户要求业务员在第一时间里向其提供准确的报价。然而，服装用料核算是报价必不可少的前提，服装用料的多少将直接决定报价的多少和订单的利润。在实际加工生产中，分为针织和梭织服装用料计算。本节中我们主要讨论梭织物常用服装的用料计算。

（一）公式计算

服装单件加工用长度公式加上一个调节量获得。例如：90cm门幅宽的面料，衬衣的单耗量为：身长+袖长+调节系数。男女裤子、男上衣、女上衣算料常用公式见后表5-3至表5-5。

（二）根据成衣尺寸计算

根据成衣尺寸计算又称"面积计算法"。在外贸服装加工企业或公司，客户提供成品样衣给生产商，以计算出服装的面料单耗量。我们可以估算出中间规格服装毛片的面积，把每片相加后得出一件服装总的面积，然后除以面料门幅宽度得出服装的单耗量，并追加一定数量的额外损耗。

（三）规格计算法

规格计算法即根据成品规格表中的中间号或大小号均码的规格尺寸，加上成品需用缝份量，计算出单件服装的面积，再除以门幅宽得出单耗量，同样追加一定数量的额外损耗。服装单耗的规格计算法可以归总出一个常用公式：（上衣的身长+缝份或握边）×（胸围+缝份）+（袖长+缝份或袖口握边）×袖肥×4+服装部件面积。

注意：整件服装成衣辅料用料=成品各零部件耗用坯布面积总和（包括裁耗）。排料完成时需注意分段计算的原则，在不同门幅上分开排料的必须分开计算用料面积，然后相加得出总用料面积或重量。

表5-3　男女裤子算料表　　　　　　　　　　　　　　　　　　　　　　　　　　　　　　　单位：cm

门幅	男长裤	男短裤	说明	女裤	说明
77cm	卷脚（裤长+10cm）×2 平脚（裤长+5cm）×2	（裤长+12cm）×2	臀围超过117cm时，每大3.5cm需另加料6.5cm	（裤长+3.5cm）×2	臀围超过120cm时，每大3.5cm需另加料6.5cm
90cm	（裤长×2）+3cm	裤长×2	臀围超过117cm时，每大3.5cm需另加料6.5cm	（裤长×2）+3cm	臀围超过120cm时，每大3.5cm需另加料6.5cm
114cm（双幅）	裤长+10cm	裤长+11.5cm	臀围超过112cm时，每大3.5cm需另加料3.5cm	裤长+3.5cm	臀围超过117cm时，每大3.5cm需另加料3.5cm

表5-4　男上衣算料表　　　　　　　　　　　　　　　　　　　　　　　　　　　　　　　单位：cm

门幅	衣名	算料公式	说明
77cm	中山装	（衣长+袖长）×2−10cm	胸围超过109cm，每大3.5cm另加7cm布料
77cm	中山装套装	（衣长+袖长+裤长）×2−17cm	胸围超过109cm，每大3.5cm另加7cm布料 臀围超过109cm，每大3.5cm另加7cm布料
77cm	两用衫	（衣长+袖长）×2−14cm	胸围超过109cm，每大3.5cm另加7cm布料
77cm	连帽风衣	衣长×4+24cm	胸围超过127cm，每大3.5cm另加10cm布料（不做帽子减料27cm）
77cm	棉军大衣	衣长×4+47cm	胸围超过130cm，每大3.5cm另加14cm布料
90cm	长袖衬衫	衣长+袖长×2	胸围超过109cm，每大3.5cm另加7cm布料
90cm	短袖衬衫	衣长×24−袖长−6cm	胸围超过109cm，每大3.5cm另加7cm布料
90cm	西装	衣长×2+袖长+20cm	胸围超过109cm，每大3.5cm另加7cm布料
114cm	长袖衬衫	衣长×2+20cm	胸围超过109cm，每大3.5cm另加4cm布料
114cm	短袖衬衫	衣长×2	胸围超过109cm，每大3.5cm另加4cm布料
114cm	中山装	衣长×2+23cm	胸围超过109cm，每大3.5cm另加5cm布料
114cm	西装	衣长+袖长+12cm	胸围超过109cm，每大3.5cm另加5cm布料
144cm（双幅）	中山装 两用衫	衣长+袖长+5cm	胸围超过109cm，每大3.5cm另加4cm布料
144cm（双幅）	短大衣	衣长+袖长+30cm	胸围超过120cm，每大3.5cm另加10cm布料
144cm（双幅）	长大衣	衣长×2+6cm	胸围超过120cm，每大3.5cm另加5cm布料
144cm（双幅）	西装	衣长+袖长+3cm	胸围超过109cm，每大3.5cm另加4cm布料

表5-5　女上衣算料表　　　　　　　　　　　　　　　　　　　单位：cm

门幅	衣名	算料公式	说明
77cm	两用衫	衣长×2+袖长+30cm	胸围超过100cm，每大3.5cm另加7cm布料
	学生装 军便装	衣长×2+袖长+33cm	胸围超过100cm，每大3.5cm另加7cm布料
	连帽风衣	衣长×3+袖长×2-13cm	胸围超过120cm，每大3.5cm另加10cm布料（不做帽减料27cm）
90cm	长袖衬衫	衣长+袖长×2-6cm	胸围超过97cm，每大3.5cm另加4cm布料
	短袖衬衫	衣长×2	胸围超过94cm，每大3.5cm另加4cm布料
	连衣裙	连衣裙×2.5	一般款式
114cm	长袖衬衫	衣长×2+6cm	胸围超过100cm，每大3.5cm另加4cm布料
	连衣裙	连衣裙×2	一般款式
	西装 两用衫	衣长+袖长+6cm	胸围超过100cm，每大3.5cm另加4cm布料
144cm（双幅）	西装 两用衫	衣长+袖长+6cm	胸围超过100cm，每大3.5cm另加4cm布料
	连衣裙	衣长×2	一般款式
	短大衣	衣长+袖长+6cm	胸围超过100cm，每大3.5cm另加4cm布料
	长大衣	衣长+袖长+12cm	胸围超过100cm，每大3.5cm另加4cm布料

第三节　服装排料示例图

服装排料主要是将所需裁剪的服装工业样版进行科学合理的布局，以期达到浪费最少、节约材料的目的。工业生产中的服装排版类似于工业印刷中的排版布局，排版效果好坏对材料的耗用标准、经济效益、生产效率、产品质量等都有直接的关系，在服装生产中也是一项关键的技术型工作。本节通过对服装排料实例图解说明，帮助学生掌握科学的排料知识，理解服装的生产工艺，了解面料的塑性特点和服装的质量检测标准，使他们能够根据服装的设计要求及生产要求做出准确、合理、科学的管理决策。

一、西服排料图

男西服三件套的排料示意图如图5-9至图5-11所示，可供学习参考。该排料图有一个规格，门幅不同，个别的零部件要穿插进缝隙当中。男西服排料部件包括：前片、后片、大小袖片、手巾袋、袋盖、过面等。

二、衬衫排料图

衬衫的排料示意图如图5-12、图5-13所示。图中衬衫的排料图仅供学习参考。排料图中共有一个规格，分为男士长袖衬衫和短袖衬衫，个

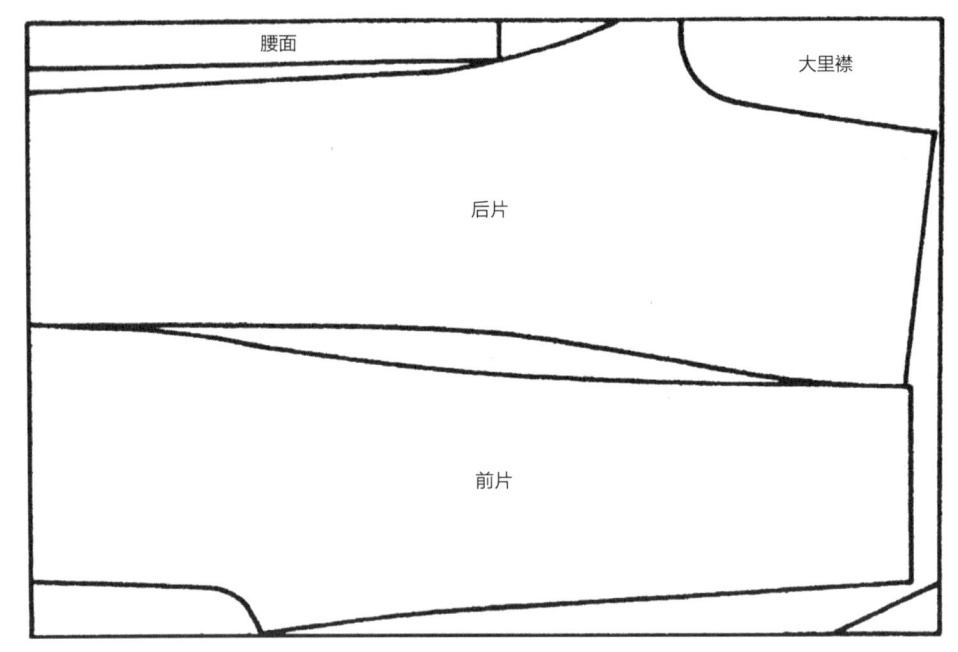

图5-9 男西服三件套排料示意图一（幅宽：72cm×2，门幅：110cm）

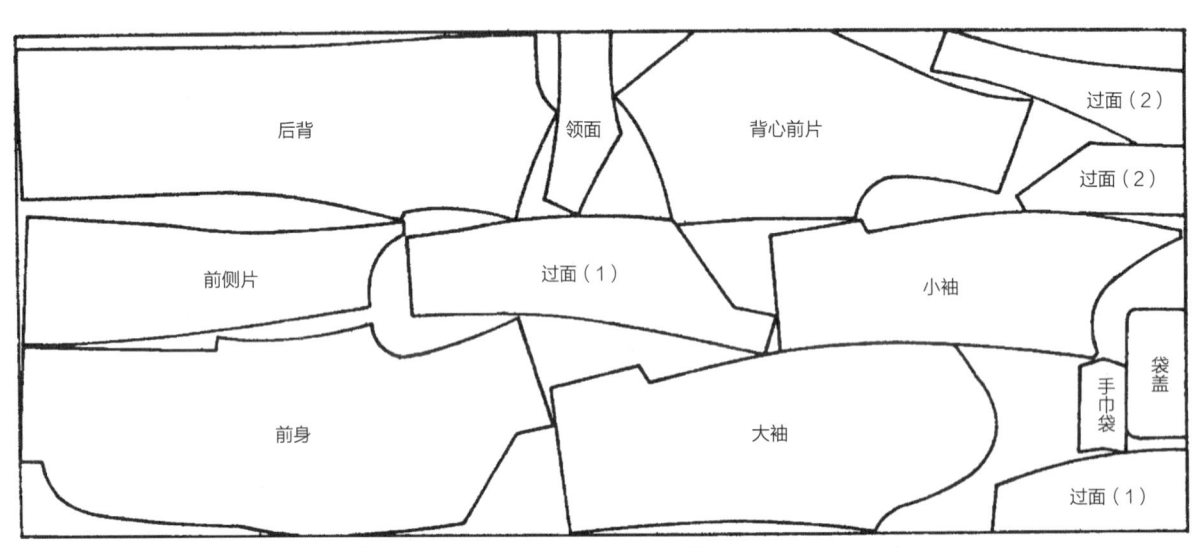

图5-10 男西服三件套排料示意图二（幅宽：72cm×2，用料：185cm，门幅：185 + 110=295cm）

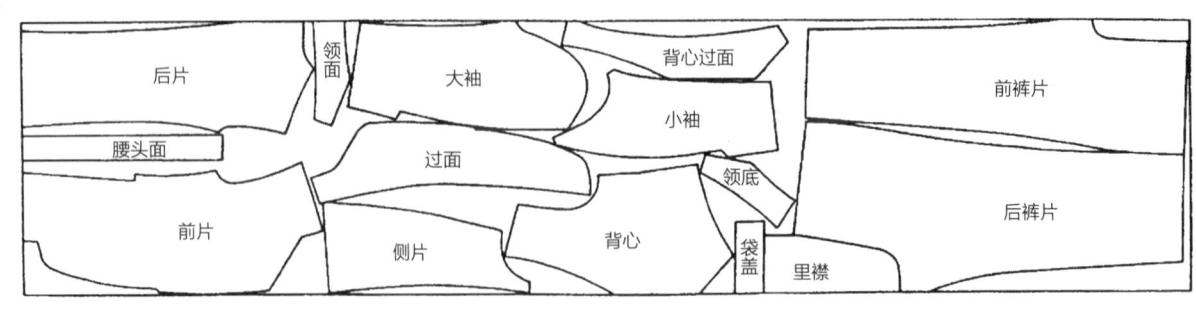

图5-11 男西服三件套排料示意图三（幅宽：144cm，门幅：330cm）

别的零部件要穿插进缝隙当中。衬衫的排料部件包括：前片、后片、袖片、上下领、袖口边、袖襻、覆肩面等。（图5-12中①表示袖片①，图5-13中①表示下领）

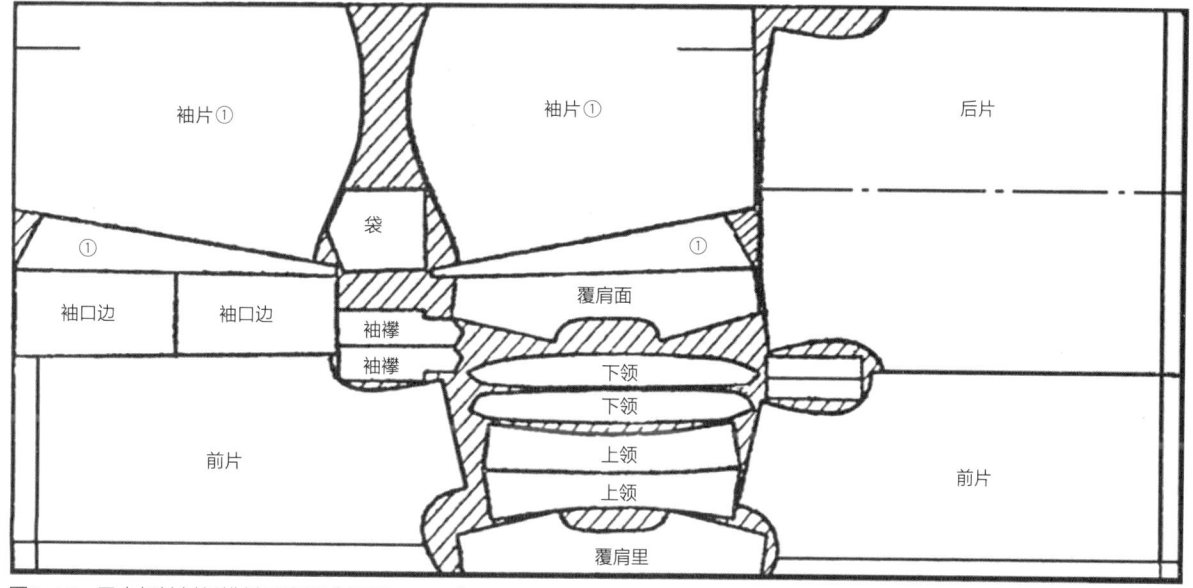

图5-12 男士长袖衬衫排料示意图（门幅：90cm）

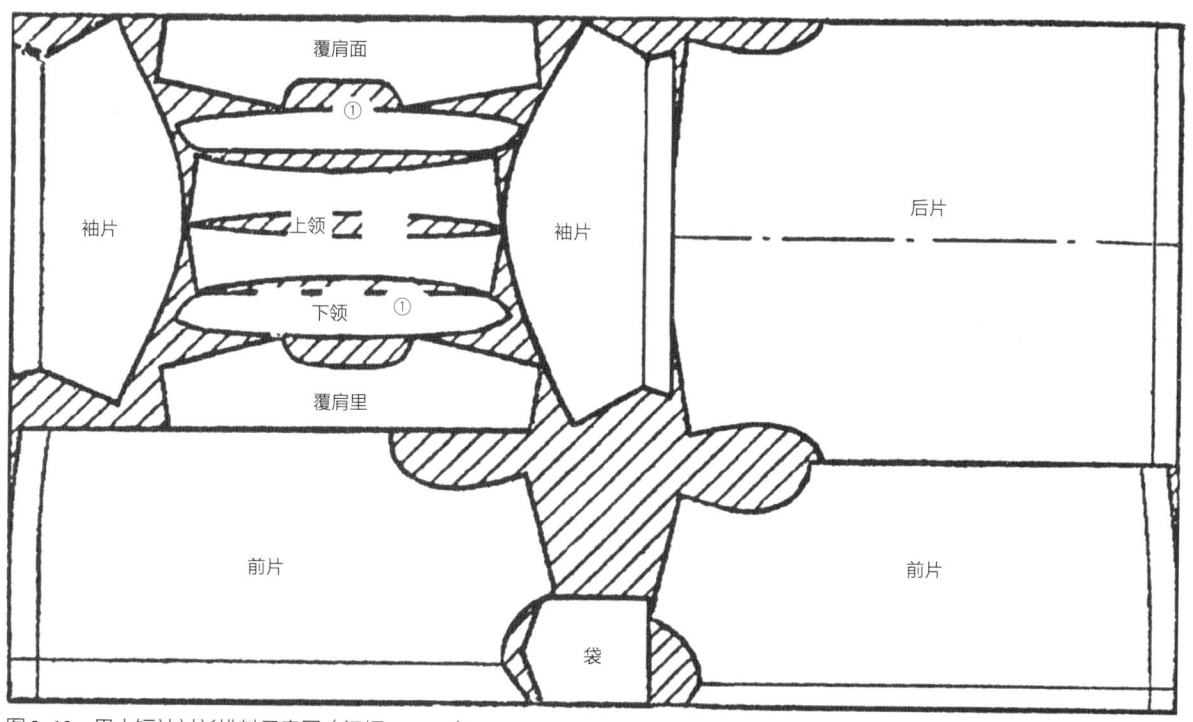

图5-13 男士短袖衬衫排料示意图（门幅：90cm）

三、裤子排料图

裤子的排料示意图如图5-14所示，可供学习参考。该排料图一共有五个规格：小号（S）2件，中号（M）4件，大号（L）6件，特大号（XL）4件，超大号（XXL）2件，个别的零部件要穿插进缝隙当中。

四、裙子排料图

裙子排料图如图5-15所示，可供学习参考。该排料图一共有五个规格：小号（S）1件，中号（M）2件，大号（L）3件，特大号（XL）2件，超大号（XXL）1件。

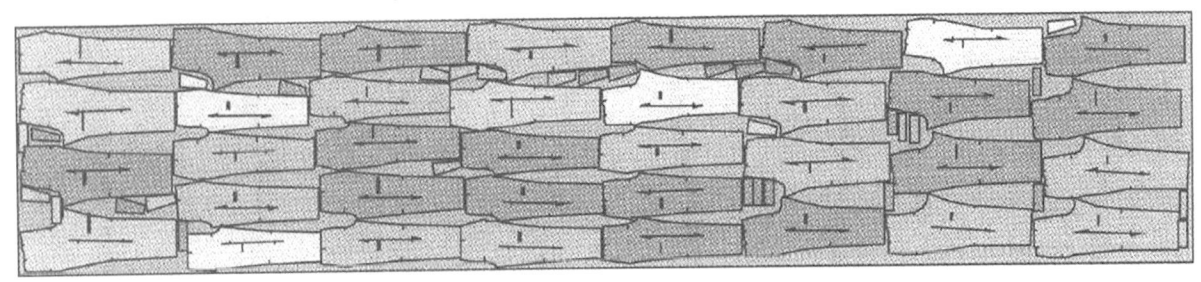

图5-14 裤子排料示意图（面料：144cm幅宽，有倒顺）

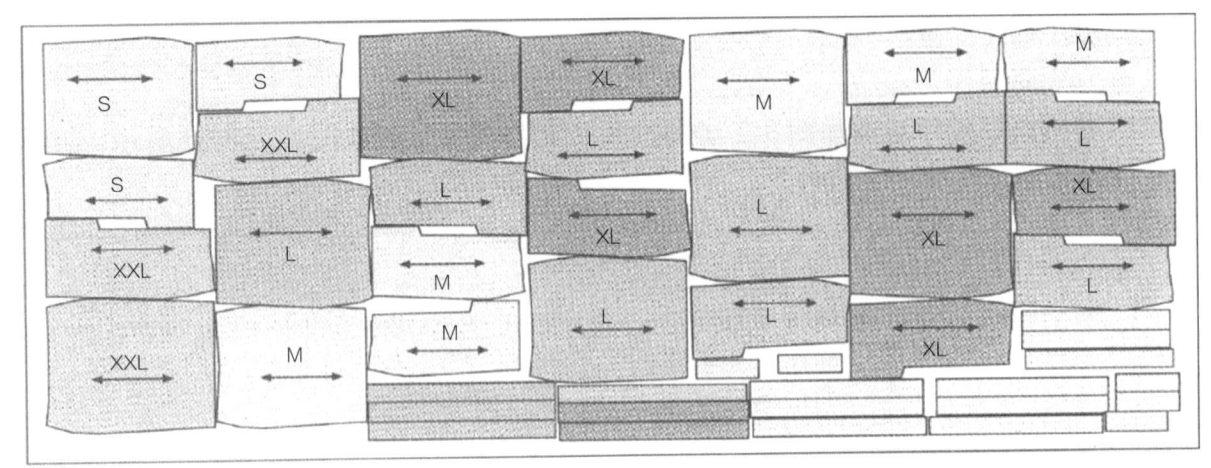

图5-15 裙子排料示意图（面料：114cm幅宽，无倒顺）

五、大衣排料图

大衣的排料示意图如图5-16至图5-18所示，可供学习参考。该排料图有一个规格，门幅不同，个别的零部件要穿插进缝隙当中。大衣的排料部件包括：前片、后片、克夫、袋布等。

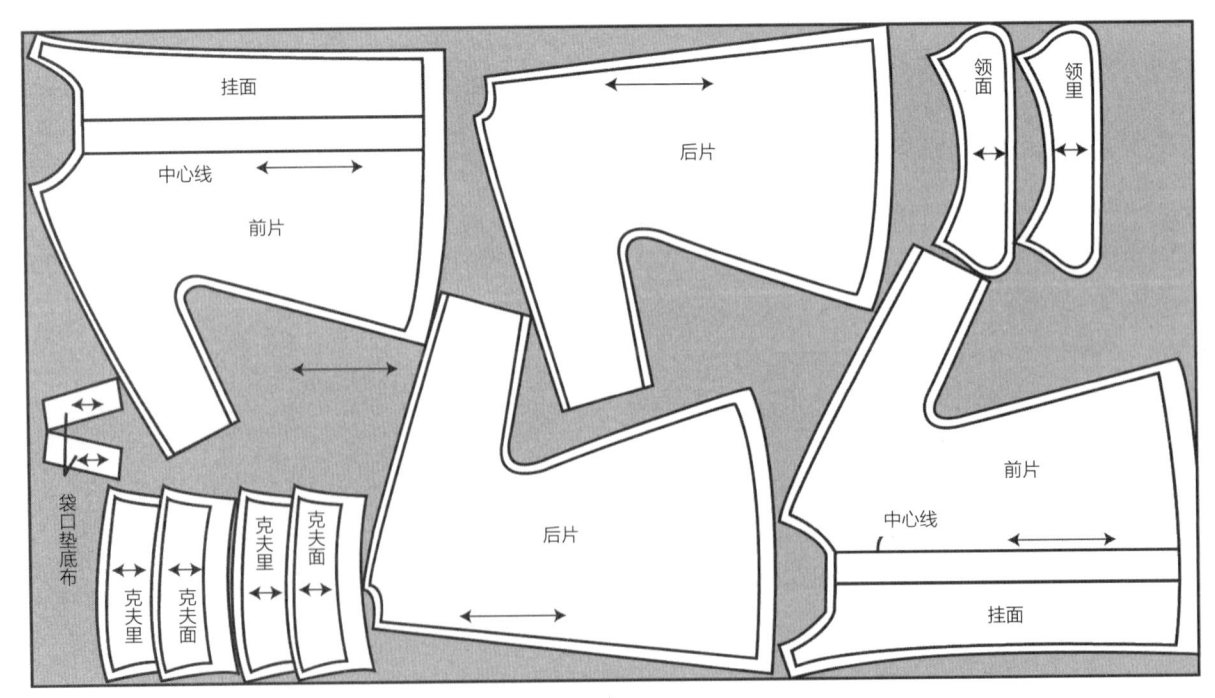

图5-16 大衣排料示意图一（幅宽：150cm，门幅：280cm）

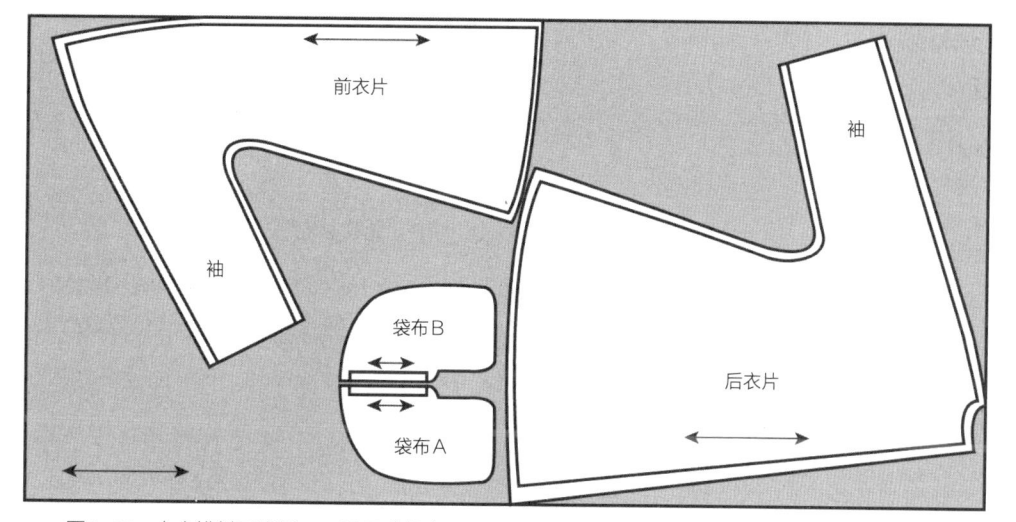

图5-17 大衣排料示意图二·里子（幅宽：90cm，门幅：370cm）

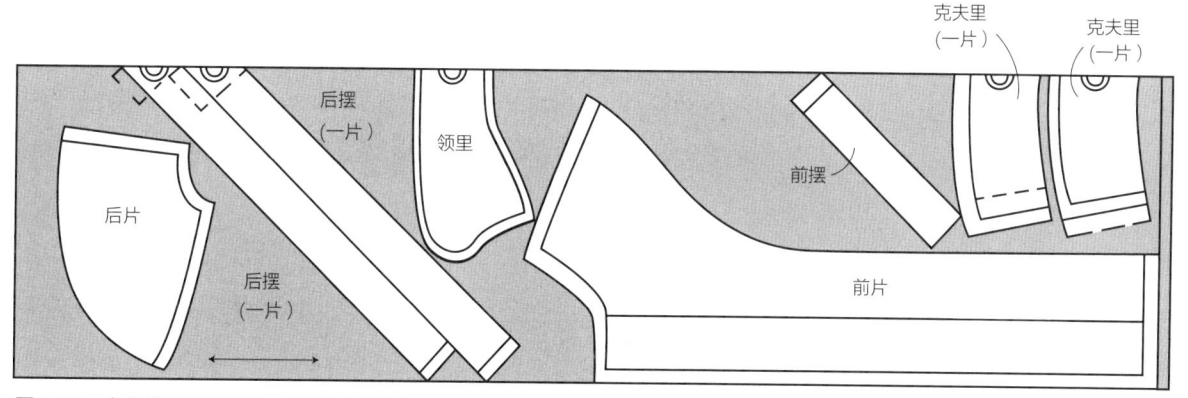

图5-18 大衣排料示意图三·黏合衬（幅宽：90cm，门幅：180cm）

六、特殊衣料排料

（一）特殊衣料的排料方式

特殊衣料不仅在缝制时需要注意，在排料过程中也需要根据特殊面料的种类选择不同的排料方式。特殊衣料排料方式包括倒顺毛、倒顺光衣料的排料，倒顺花衣料的排料，对条、对格衣料的排料，对花衣料的排料，色差衣料的排料等，以下分别进行讲解。

1. 倒顺毛衣料、倒顺光衣料的排料

首先是倒顺毛衣料排料。倒顺毛是指织物表面绒毛有方向性的倒状。排料分三种情况处理：第一，对于绒毛较长、倒状较重的衣料，必须顺毛排料。第二，对于绒毛较短的织物，为了毛色顺，采用倒毛（逆毛向上）排料。第三，对一些绒毛倒向较轻或成衣无严格要求的衣料，为了节约衣料，可以一件倒排、一件顺排进行套排。但是，在同一件产品中的各个部件、零件中，应倒顺向一致，不能有倒有顺。成品的领面翻下后与后衣身毛向一致。

其次是倒顺光衣料排料。有一些织物，虽然不是绒毛状的，但由于整理时轧光等关系，有倒顺光，即织物的倒与顺两个方向的光泽不同。采用逆光向上排料以免反光，不允许在一件服装上同时有倒光、顺光的排料。

2. 倒顺花衣料的排料

倒顺花衣料是花型图案，具有明显方向性和有规则排列形式的服装面料，如人像、山、水、桥、亭、树等不可以倒置的图案以及用于女裙、女衫等专用的花型图案。这种花型图案衣料的排料要根据花型特点进行，不可随意放置样版。

3. 对条、对格衣料的排料

在设计服装款式时，对于条格面料两片衣片相接时有一定的设计要求。有的要求两片衣片相接后面料的条格连贯衔接，如同一片完整面料；有的要求两片衣片相接后条格对称；也有的要求两片衣片相接后条格相互成一定角度等。除了连接的衣片外，有的衣片本身也要求面料的条格图案成对称状。因此，在条格面料的排料中，需将样版按设计要求排放在相应部位，达到服装造型设计的要求。

4. 对花衣料的排料

对花是指衣料上的花型图案经过缝制成为服装后，其明显的主要部位组合处的花型图案仍要保持一定程度的完整性或呈现一定的排列形式。对花的花型是丝织品上较大的团花，如龙、凤及福、禄、寿字等不可分割的团花图案。对花是我国传统服装的特点之一。排料时要首先安排好胸部、背部花型图案的上下位置和间隔，以保持花型的完整。

5. 色差衣料的排料

色差即衣料各部位颜色深浅存在差异的程度，由印染过程中的技术问题所引起。常见布料色差问题为同匹衣料左右色差（称为边色差），同匹衣料前后段色差（称为段色差）。

当遇到有色差的面料时，在排料过程中必须采取相应的措施，避免在服装产品上出现色差。有边色差的面料，排料时应将相组合的部件靠同一边排列，零部件尽可能靠近大身排列。有段色差的面料，排料时应将相组合的部件尽可能排在同一纬向上，同件衣服的各片排列时不应前后间隔距离太大，距离越大，色差程度就会越大。

（二）特殊衣料的排料图

1. 后中心线的确立

后中心线即背中缝线。裁片摆放方法有两种（此后样版均为净样）：方法一是中心线确定在竖条上，方法二是中心线确定在两竖条中间。如果使中心线两侧条格对称，一般采用方法二。如果采用方法一，在缝制时较难掌握分寸，所出现的偏差也容易被察觉。

说明：后片的上下位置是先确定底摆的高低。在具体排料时，首先根据省料原则进行，其次要考虑到效果。工艺制作时难免出现偏差，导致底边横格起波浪。如果横格位置距底边太近，容易被察觉，从而损坏外观效果。因此要尽量使底边与明显横格间的距离拉大。（图5-19）

2. 前片、侧片与后片的确立

裁片摆放方法：当后片排好以后，首先把侧片与后片的底边对位点摆放在同一高度上，再把侧片与前片的底边对位点摆放在同一高度上。

说明：大部分男西装将腋下省制成腋下通底省，并在大袋位处设置肚省，以适应体型需要，但收省后的前片与侧片横格难以对上。这里应采用对下不对上的原则，也就是尽量使下摆保持整体美。而且侧片大袋位以上（即腋下）通常会被袖子遮住，较为隐蔽，所以是次要部位，我们应弃次求主。（图5-20）

思考题

1. 服装排料前需要准备哪些工作？服装排料的技巧包括哪些方面？

2. 服装排料的方法有哪些？服装铺料程序具体包括哪些？

实训题

1. 根据服装排料的基本方法，以小组为单位，对一个服装款式进行排料，不限种类。

2. 搜集一组服装造型的图片，进行分析和判断，思考并讨论运用什么排料方法更加适合。

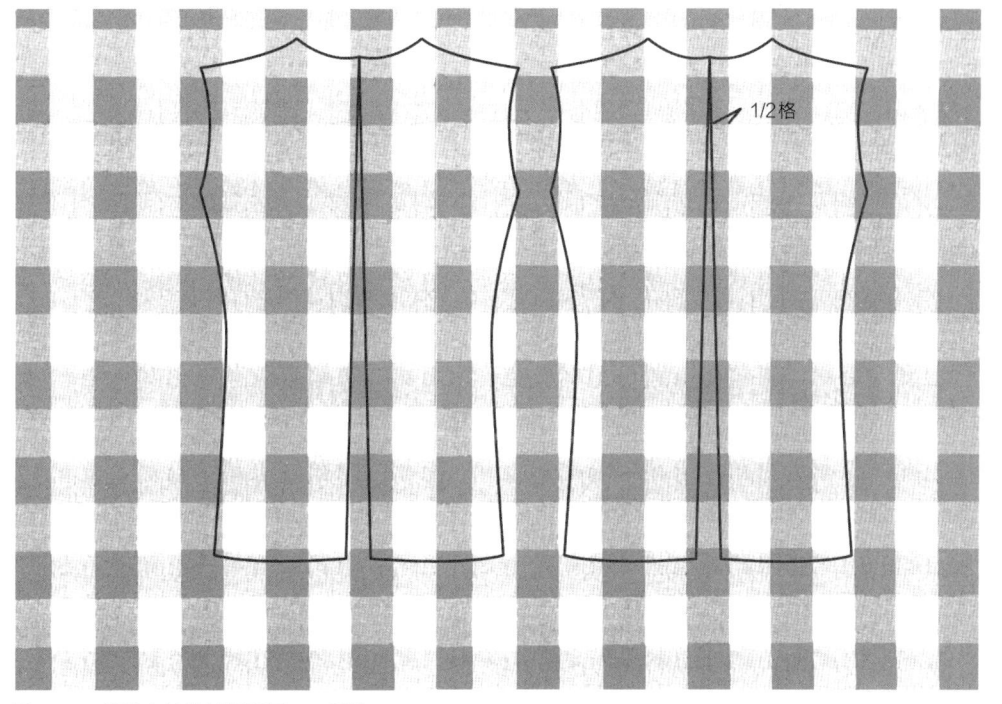

图5-19 特殊衣料排料示意图一·后片

图5-20 特殊衣料排料示意图二·前片、侧片与后片

第六章
计算机辅助服装工业制版

重要知识点：1. 服装CAD的概念及技术发展。

2. 认识服装CAD常用软件。

教学目标：1. 使学生了解服装CAD的发展过程和系统构成。

2. 使学生了解目前市场上不同制造商的服装CAD技术及设备的基本特点。

3. 使学生了解计算机辅助纸样设计的方法和过程。

教学准备：针对不同制造商的服装CAD，教师准备好一些电子文档课件，用于现场教学和演练。

现代工业的兴起使服装业日趋壮大，随之形成了大批量的工业化生产方式，成衣业的规模发展呈现前所未有之势。服装的系列化、标准化和商业化，使人们对服装有了更高的要求，不仅注重服装的舒适美观，而且更讲究服装的独特风格，由服装来体现现代人的不俗个性。时装化、个性化的着装趋势使服装的流行周期越来越短，款式变化越来越快。多品种、小批量、短周期、变化快已成为服装生产的新特点。为了适应服装业的发展，服装CAD的出现改革了服装行业传统手工的生产方式，并以惊人的速度发展，为服装业带来了可喜的效益和高效率的运作。

随着计算机技术的发展，计算机技术的应用正在渗透到服装行业的各个环节和各个不同的部门中，包括面料设计、服装款式设计、结构设计、工艺设计以及服装制作流水线上电脑控制的自动算料、自动排版、自动裁料、自动吊挂传输系统、自动量体、企业的管理信息、市场的促销和人才的培养等。

现在，我国服装企业广泛使用计算机这一高科技手段为之带来高效的生产成果。服装CAD/CAM技术的开发与应用，不仅彻底改变了传统的设计与制作方法，而且在设计速度、精度、正确率、画面制图质量以及其修正方面都具有独特的优点。计算机的应用的确给服装业带来了一场深刻的变革。

第一节　服装CAD概况

服装CAD是服装计算机辅助设计（Computer Aided Design）的简称，是以数字化技术为主要手段进行服装设计的方法。对于服装产业来说，其应用已经成为历史性变革的标志。服装CAD采用人机交互的手段，充分运用计算机的图形学与数据库原理，将网络的高新技术与设计师的完美构思融入其中，促使创新能力与经验知识完美组合，从而达到降低生产成本、减少工作负荷、提高设计质量、缩短生产周期的功能性目的，大大缩短了服装从设计到投产的过程。

服装CAD技术是随着全球信息化发展而逐渐成熟的一门学科，服装CAD技术课程是综合计算机基础、计算机图形学、服装设计学、服装结构设计、服装推版技术等课程的一门综合性运用课程。服装CAD技术的成功应用不仅促进了服装工业的现代化，而且也为计算机应用技术的深入发展开拓了一个广阔的领域，形成了一个新的高技术产业。当前服装计算机辅助技术及其相关技术的发展趋势已是集立体化、智能化、集成化、自动化、网络化和人性化于一体。

计算机辅助服装设计实现了服装的款式设计、结构设计、推档排料及工艺管理等一系列设计的计算机化，它的推广加速了服装产业技术的改革。统计数据表明，应用服装CAD后的效率可提高近20倍，如果再与企业管理软件、试衣软件等连接起来，对企业的生产效率、市场竞争力、经济效益等都具有非常重要的意义。除此之外，在服装领域还有计算机辅助制造系统（CAM）、计算机柔性加工系统（FMS）、计算机信息管理系统（MIS），这些系统组成了计算机集成制造系统（CIMS）。另外，在管理软件方面还有服装企业的资源管理软件（ERP）。这些与服装CAD系统共同构成了服装行业的信息一体化系统。

目前国内大部分服装企业是采用进口的软件和设备，我国常用的服装CAD系统主要有国外品牌美国格柏Gerber、PGM，法国力克Lectra，加拿大派特PAD，德国艾斯特Assyst；国内品牌北京航天Arisa、智尊宝纺MODASOFT、日升天辰NAC，深圳富怡Richpeace，杭州爱科Echo。

一、服装CAD设计原理

服装纸样设计是以人体为基础的，而人体是一种特殊而又复杂的形体，因此CAD是属于复合形体设计范畴，是一种基于形体特征的设计。它是应用计算机技术以产品信息建立为基础，以计算机图形处理为手段，以图形数据库为核心，对纸样进行定义、描述和结构设计，它的理论基础是参数化设计理论。

参数化设计理论是利用现代化计算机辅助设计手段，采取人工智能技术的现代设计方法。所谓参数化设计（Parametric Design），就是用约束纸样的一组结构尺寸序列、参数与纸样的控制尺寸存在某种对应关系，用参数来定义几何图形尺寸数值并约定尺寸关系，从而提供给设计者进行几何造型的设计模式。参数的求解较简单，参数与设计对象的控制尺寸有对应关系，设计结果的修改受到尺寸驱动。由于服装纸样是由一系列的点或线所构成，也可以看成是一系列几何元素的叠加。参数化设计的关键是对纸样各部位进行参数化，确定各部位之间的参数关系。其参数化的程度越高，对该设计的修改就越容易，设计效率就越高；参数设计及参数关系确定得越科学，纸样设计就越合理。当赋予参数不同的数值时，就可驱动原纸样变成新纸样。（图6-1）

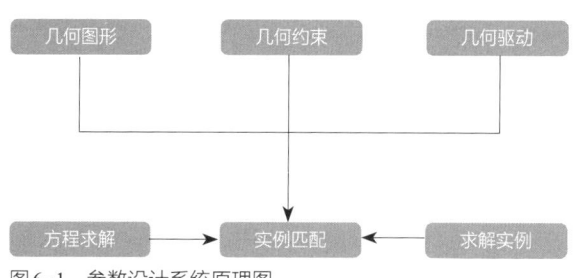

图6-1 参数设计系统原理图

二、服装CAD应用现状

目前，绝大多数服装企业都已配备了服装CAD系统，企业与合作工厂之间的数据交换也都是服装CAD系统生成的文件。近十几年来，随着我国服装教育对服装CAD的重视以及国内多家服装CAD供应商的出现，我国服装企业使用CAD的普及率也大为提高，其中近万家规模型服装企业使用CAD的普及率达到了95%以上。

20世纪60年代初，美国率先将CAD技术应用于服装加工领域并取得了良好的效果。在世界各国拥有数千用户的格柏（Gerber）公司占据了服装CAD技术的领先地位，并形成了新的技术产业。于20世纪70年代起，一些技术发达国家也纷纷向这一领域进军，取得了较好的成效。在国际上影响较大的有法国的力克（Lectra）、西班牙的艾维（Investronica）、美国的PGM、日本的重机（Juki），另外新发展的在欧美服装企业界享有盛誉的德国艾斯特（Assyst）系统，拥有服装CAD/CAM系统的"奔驰"美称。

我国服装CAD技术起步较晚，但发展速度较快。20世纪80年代初，我国服装业在引进国外先进技术的同时，不失时机地对服装CAD技术进行开发与研究，到目前为止已占据国内外相当一部分市场，并在几届"国际服装机械展览会"上形成与国外先进技术相媲美的局面。现在全国共有服装CAD系统制造商20多家，如航天（Arisa）、日升天辰（NAC）、爱科（Echo）、樵夫等系统。

服装CAD技术的成功应用不仅促进了服装工业的现代化，也为计算机应用技术的深入发展开拓了一个广阔的领域，形成了一个新的高技术产业。（图6-2）

随着计算机科学和信息技术的迅速发展，服装CAD技术从二维转换到三维，从静态转换到动态，并且具有高度智能化水平，给服装设计和服装生产带来深刻的变革。随着我国计算机应用

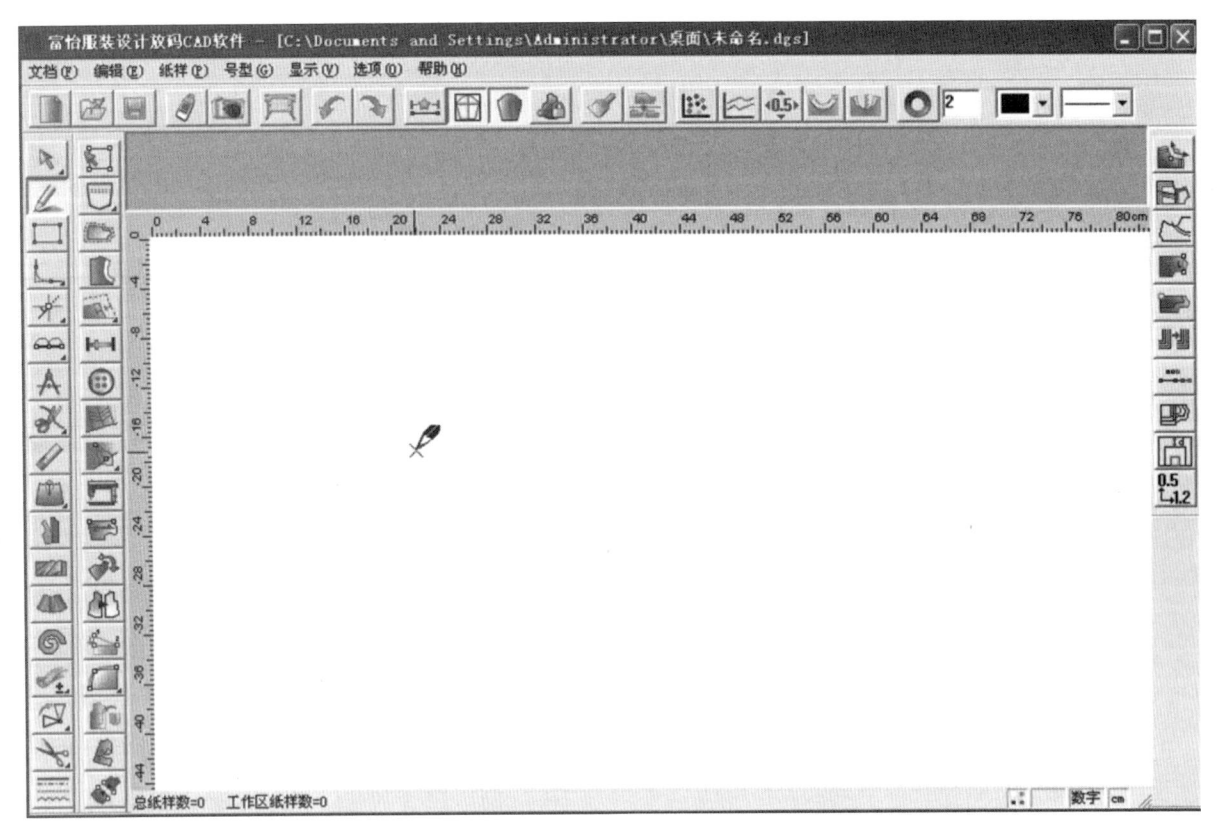

图6-2 服装CAD界面

水平的不断提高，经济规模、管理水平、技术能力、人员素质的逐步提高，必将在服装CAD技术应用的深度和广度上持续发展，产生越来越显著的经济效益。

三、服装CAD技术的发展趋势

第一套服装CAD系统诞生于20世纪70年代的美国，接着日本、法国、西班牙等都相继推出了很多服装CAD产品。当时的服装CAD软件只能解决当时服装工业化生产中推档和排料问题，还不是很普及。但计算机的应用使生产效率得以显著提高，生产条件和环境也得到很大的改善。20世纪90年代，各国服装CAD软件公司又不断更新，推出了服装结构设计和款式设计等系统，完善了服装CAD产品，使之成为一个完善的CAD体系，实现了服装设计制版的全电脑化操作。我国的服装CAD软件的研究开始于"六五"期间，通过20多年的研究，真正推出了具有自主知识产权的服装CAD产品。国内服装CAD产品虽然在开发应用的时间上比国外产品要晚，但发展速度非常快。我国自主开发的服装CAD软件不仅能很好地满足企业生产，更能满足各专业院校教学的要求，产品实用性好，适合大众需求、可维护性、更新的反应速度等方面与国外相比都更具有优势。

（一）从CAD系统发展到CIMS系统

随着国际服装业向更新、更快、批量小、款式多、时装化以及多方面高质量的发展，为了在服装市场获得优势，服装生产的全面自动化已成为当今服装业的发展趋势，计算机集成制造系统是CAD系统向前发展的主要方向。

由于市场竞争机制的作用，要求企业的产品更新换代快才能适应市场潮流的需要，这就是要有先进的设计、制造、管理手段以及迅速应变的能力，因而迫切需要有一种强有力的支撑环境——计算机集成制造系统（Computer

Intergrated Manufaturing System，简称CIMS）。CIMS是一个综合多学科的新领域，是在信息技术、计算机技术、自动化技术和现代管理科学的基础上，将设计、制造、管理、工厂经营活动所需的各种自动化系统，通过新的管理模式、工艺理论和计算机网络有机地集成起来，从而使产品从设计、加工、管理到投放市场所需的工作量降到最低限度。

（二）发展智能化的服装CAD系统

随着人工智能技术的发展，知识工程、专家系统等逐渐应用到服装CAD系统中。在服装CAD系统中，可吸收优秀服装设计师和排料师的经验，构成自动样片设计、自动排料系统。利用人工智能技术，可以高效、高质量地帮助服装设计师构思和设计新颖的服装款式，并完成从款式到服装样片设计。

（三）从平面设计到立体设计

由于服装的质量和合体性已成为服装市场竞争的主要内容之一，从而使得专家们对服装的研究走向更科学化和个性化。专家们开始对三维人体外形及运动效应进行严格的理论分析和研究，如何应用交互式计算机图形学和计算几何中的最新技术成果，建立三维动态的服装模型，解决服装设计中二维到三维、三维到二维的转换，是当今服装CAD系统的发展方向之一。

（四）自动量体和试衣系统

随着服装生产方式从大批量生产向小批量、多品种以及单件生产的方向发展，服装的供销方式也将发生改变。顾客从按号型规格选购到针对自己的身材体型量体定做。西班牙的Investronica公司研制的Tailoring系统，从顾客选定款式、面料、对顾客进行人体尺寸测量，经过自动样片设计、放样、排料、自动单件裁片机、单元生产系统，到高速度、高质量地完成顾客所需的服装制作，这是一个高自动化的面向顾客的服装制作系统。该系统可以在几分钟内不经接触地测量人体的外形数据。相对于传统的手工测量，它有着自己的优点，既全面又快速。随着对服装合体性要求的不断提高，这种面向顾客的量体裁衣系统将会受到越来越广泛的重视。

第二节 服装CAD系统组成

利用服装CAD系统能够从款式库中调出服装款式，对其进行结构设计和样版设计后，再根据服装号型表进行放码，接着在几分钟内即可完成排料。设计结果可以通过彩色打印机或绘图仪打印出来。排料系统可以测定面料的利用率，便于技术人员精确地了解面料的使用情况，从而控制成衣的原料成本。

一、服装CAD系统的软件配置

（一）服装款式设计系统

计算机辅助服装款式设计系统，目的在于辅助设计人员从事服装款式设计、花样设计、色彩调和、搭配、变化等方面快速、准确反映设计要求，从原稿、图案的输入到正确的款式、色彩输出。应用计算机图形和图像处理技术，达到代替设计人员劳动甚至达到设计人员手工劳动不能达到的效率和效果，使设计师能够随心所欲地进行创作。

这套系统的核心是图像处理及丰富多彩的色彩变化，不仅仅用在服装款式设计方面，还可广泛地运用于印染、印刷、广告及其他各行各业的设计领域。

服装款式设计系统可分为两种。一种是二维服装款式设计：通过选择系统提供的绘画工具和调色板绘制新图案、时装画、款式图、效果图。系统内有丰富的款式库、面料库、配饰库等。可以通过绘制、彩色扫描仪扫描、摄影机、录像机、数码相机摄入新图样来扩充图库，也可从网上下载有价值的资料来扩充图库。另一种是三维服装款式设计：不仅具有二维款式设计的系统功能，而且款式设计系统提供的三维立体着装效果更是用手工无法完成的，大大提高了设计师的设计水平和生产的效率。

计算机款式设计是应用计算机图形学和图像处理技术，为设计师提供一系列服装设计和绘图的技术平台。款式设计系统的功能包括以下几个方面：提供各种工具绘制服装画、款式图、效果图，或者调用款式库内的式样进行修改而生成新图样；提供工具生成新的图案并填充到指定区域，或调用图案库内的图案形成服装图案；提供工具绘制部件，或调用部件库内的部件进行修改，形成服装部件并与服装匹配；模拟服装静态着装效果，显示出褶皱、悬垂、蓬松等肌理效果。

计算机款式设计的优势在于方便保存大量的图样并可以快速查找、调用和修改，可以直观地看到服装效果，大大节约设计时间。

服装款式设计CAD系统在计算机内建立了各类素材库，如工具库、素材库、面料设计、图案设计、着装效果图设计、款式输出等模块。这样可以供设计者随时、快速地调用，再对其进行修改、变形、换色等的操作，可以进行再创造设计；可以调用图形库内的服装部件、服饰配件等对其自由组合，可以修改；也可以实时生成新的部件进行部件装配组合，拓宽了服装设计师的思想领域，激发了想象力和创作灵感，使其能快速构思出新颖的服装款式及服装色彩。这个系统一般由文件、编辑、显示、窗口、位图、花样、帮助等主要功能组成。

（二）服装结构设计系统

服装结构设计是从立体到平面、从平面到立体转变的关键所在。服装结构设计的目的是将服装设计师的服装款式效果图展开成平面图，为缝制成完整的服装进行的必要工作程序。款式图展开成平面图可根据多种结构设计原理，如实用原型法、日式原型法、比例分配法、基样法、立体法等。要综合分析选择其中一种作为计算机实现的造型法。

服装结构设计CAD系统又称服装打版CAD系统或服装制版CAD系统。一般包括图形的输入、图形的绘制、图形的编辑、图形的专业处理、文件的处理和图形的输出等。

1. 图形的输入

图形的输入可利用键盘、鼠标器输入或利用数字化仪输入等。

2. 图形的绘制

图形的绘制就是利用计算机系统所提供的绘图工具，通过键盘或鼠标器进行服装衣片的设计过程。图形的绘制功能是服装结构设计CAD系统的基本功能。

3. 图形的编辑

图形的编辑即图形的修改，是对已有的图形进行修改、复制、移动或删除等操作。通过图形编辑命令，可以对已有的图形按照用户的要求进行修改和处理，从而提高设计的速度。图形编辑命令应包括图形元素的删除、复制、移动、转换、缩放、断开、长度调整和拉伸等。

4. 图形的专业处理

图形的专业处理是指对服装行业的特殊图形和特殊符号等进行处理，如扣眼儿处理、对刀标记、缝合检查和部件制作等。利用该项功能，系统将为服装设计人员提供尽可能方便的绘制服装行业特殊图形和符号的方法。只要输入基本图形后，通过系统的专业处理功能，就可以直接获得服装衣片样版的最终图形。

5. 文件的处理

系统的文件处理功能除包括新建文件、打开原有文件、文件存盘和退出打版模块等基本功能外，一般还具有其他的一些辅助功能。例如，为了参照已有的图形而作出新的图形，则应具有能同时打开一个或几个的功能，以便在绘图时作为参考，并且还应具有从一个文件中传送图形或数据到另一个文件夹中的功能。

6. 图形的输出

图形的输出包括使用绘图机输出和打印机输出。一般来讲，对于衣片图最终的输出应是使用绘图机按1∶1的比例输出，而对于排料图则可以使用打印机按一定缩小的比例输出即可。

（三）服装工艺设计系统

服装工艺设计CAD系统，提供设计工艺用图表所需的工具和各种图表样库，为各生产工序、工艺说明及要求提供实用的工艺表格以及设计制作表格的功能等。例如，爱科（Echo）服装CAD系统中的工艺设计系统可以完成如下功能。

1. 工艺表格绘制

可以设计和绘制出任意类型的生产工艺表格并建立表格库，以便随时取用、修改。

2. 工艺图的绘制

可进行服装生产用的款式图、工艺结构图、缝制说明图等的绘制。Echo系统提供各种专业图标及工具，如各种线迹（单止口线、双止口结构线及各种粗细的曲直弧线迹等）、各种配件符号（罗纹、拉链、纽扣等）。

3. 制订生产工艺说明书

Echo系统提供多种工艺表格模本，可根据不同的生产要求，选择其合适的工艺表进行填写（包括各种裁剪说明书、缝制工艺操作单、熨烫要求等，还包括一些缝制说明图，帮助说明缝制要求）。Echo系统还提供多种数据库，如袋型库（用于存放各种造型的口袋）、线条库（用于选择

不同粗细的线条与各种线迹）和色彩库（用于色彩填色的选择）等。

4. 推版（放码）系统

推版就是以某个标准样版为基准（将其视为母版），然后根据一定的规则对其进行放大或缩小，从而派生出同款而不同号型的系列样版来，由此来满足不同体型人的需要。计算机放码有它独特的优点。

服装工艺设计CAD系统中所使用的基础衣片，一般是由输入模块通过数字化仪或键盘输入的。在该系统中，通过文件操作打开基础衣片文件，再输入推版放码的要求和限制，这样即可由系统生成所需要规格号型的衣片图。衣片的推版方法可以选择，但现在我们常用的有两种方法，即增量推版法和公式推版法。

增量推版法：也称为位移量登记法。每个衣片都有一些关键点，这些点决定着衣服的尺寸和式样，这些点称为推版点。推版时可以根据经验给每个推版点以放大或缩小的增量，即x坐标和y坐标的变化值。当给出全部放码点的增量时，这些新产生的点就构成了新衣片图的关键点，再经曲线拟合，就可以生成新号型的衣片图了。

公式推版法：对于衣片图上的所有关键点，一般可以用衣服基本尺寸的公式表示其坐标值。因此，采用这种方法推版时，只需重新输入衣服的基本尺寸，由系统重新计算衣片的各关键点坐标值，再把各点连线或曲线拟合以产生新的衣片图。该方法可以根据衣服基本尺寸的变化精确计算出各关键点的坐标值，其推版精度是由衣片关键点的坐标值与衣服基本尺寸的关系公式所决定的。因此，探讨衣片关键点的坐标值与衣服基本尺寸的关系公式就成了该方法的关键。对于服装而言，这样的公式往往不易求得，因此该方法的使用也就受到了一定的限制。

5. 排料（排版）系统

排料就是在给定布幅宽度的布料上合理摆放

所有要裁剪的衣片。衣片摆放时需根据衣片的纱向（丝缕）或布料的种类，对衣片的摆放加上某些限制，如衣片是否允许翻转或对条格等。

人工排料和计算机排料各有特点。计算机排料是用数学的计算方法，利用计算机运算速度快、数据处理能力强的特点，可以很快地完成排料的工作，并可以提高布料的利用率。计算机排料的方法一般有交互式排料和自动排料两种方法。

交互式排料法：交互式排料需要操作者先把要排料的已经放过码和加缝边的所有衣片显示在计算机的显示器上，再通过键盘或鼠标器使光标选取要排料的衣片，被选取的衣片就会随光标的移动而移动。根据排料的限制，可对衣片进行翻转和旋转等操作。当要排定某一个衣片时，只要把该衣片往排料图的某一个位置上放置，该衣片就会由系统自动计算出其适当的摆放位置。每排定一个衣片，系统就会及时报告已排定的衣片数、待排衣片数、用料长度和布料利用率等信息。

自动排料法：它是系统按照预先设置的数学计算方法和事先确定的方式自动地旋转衣片。按照这种方法进行的排料，每排一次将得出不同的排料结果。由于计算机运算速度快，所以排一次料所用的时间很短，这样就可以多排几次，从中选出比较好的排料结果。但目前自动排料的面料利用率还不如交互式排料的面料利用率高，因此，在使用自动排料功能时，可以结合使用交互式排料的方法，使其布料的利用率进一步提高。

6. 服装CAM系统的功能

服装CAM系统是与服装CAD系统相匹配的，根据服装CAD系统的排料结果，服装CAM系统指挥自动铺料、裁料系统进行工作，并统一协调和管理后续生产工序。服装CAM系统能够对技术资料进行分类管理，信息量大，调用方便，还能节约成本。

二、服装CAD系统的硬件构成

服装CAD中包括许多硬件设备，大致可以分为输入设备、电脑、输出设备三类。常见的输入设备有数字化仪，也称为数字化读入设备，相当于一个大型扫描仪，其功能是在10至15分钟内将一套衣服的样版精确地输入电脑，进行编辑后，就可以用于生产。还有扫描仪，是用来扫描款式效果图或面料。而数字化纸样读入仪可以用来读取手工绘制的纸样。另外还有数码相机、摄像机等。就电脑而言，CAD软件供应商一般对电脑系统配置提出推荐性要求，以便能更好地呈现CAD制图效果。

服装CAD硬件系统是由计算机主机和外部设备组成，主机是计算机的心脏和大脑，由若干部件构成，其核心是中央处理器和主存储装置。服装CAD硬件系统是由计算机主机和外部设备组成，主机是计算机的心脏和大脑，由若干部件构成，其核心是中央处理器和主存储装置。以AutoCAD 2023系统（Windows）为例，要求操作系统 64位Microsoft Windows11和Windows10版本1809或更高版本。处理器基本要求2.5–2.9GHz处理器（基础版），不支持ARM处理器。建议3+GHz处理器（基础版），4+ GHz（Turbo版）。内存基本要求8GB，建议16GB。磁盘空间10.0GB（建议使用SSD）。显卡基本要求1GBGPU，具有29 GB/S带宽并兼容DirectX 11。建议4 GB GPU，具有106 GB/S带宽并兼容DirectX 12。

外部设备包括显示器、数码相机、扫描仪、打印机、数字化仪、绘图仪等。（图6-3）

显示器：是操作人员与计算机对话的媒介，服装CAD要求显示器屏幕尺寸应在17英寸以上，这样能够保障有足够的绘图空间。

数码相机：能将服装面料等任何景物摄录下来，直接输入电脑进行处理，一般应用于服装CAD中的服装款式设计、电脑试衣系统。

扫描仪：是服装CAD系统中图形、图像的

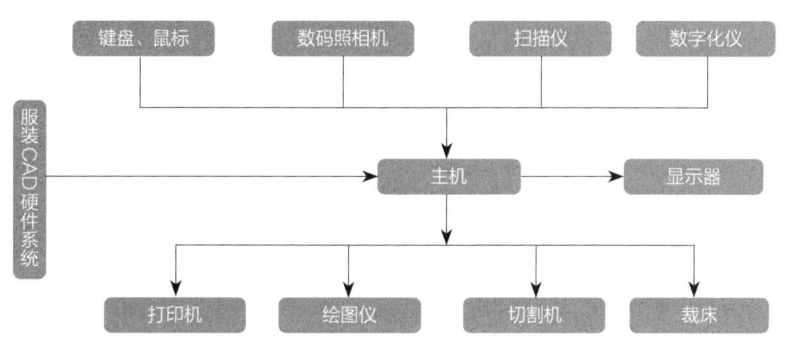

图6-3 服装CAD硬件系统

输入设备。例如，通过它可以把服装照片、时装画、款式效果图等输入计算机。

打印机：是计算机非常普遍的输出设备，有针式、喷墨、激光和热感应等几种类型，可以输出彩色效果图、按比例缩小的排料图、生产工艺单及相关管理信息等。

数字化仪：服装CAD系统中的图形、图像输入设备。通过它，可以把服装样片等输入计算机，生成服装CAD系统能够识别的数字样版，从而用于修改、放码等。

绘图仪：是服装CAD系统的重要输出设备。服装CAD系统中样片设计和放码系统所生成的纸样图、排料系统生成的排料图，都需要以1∶1的比例绘制在图纸上，供裁剪工序使用。

切割机：主要用于工业样版或样衣裁片切割，有大型和小型、平板和滚筒、单笔和双笔等不同类型。

裁床：应用于衣片裁剪，裁床机用激光或刀刃直接切割布料。

第三节　CAD辅助服装制版

服装工艺CAD产生之初主要有推版（Grading）和排料（Marking）两大功能。20世纪90年代初，以格柏公司为首推出纸样设计系统，使用计算机进行样片设计逐渐被设计师接受，自此，服装工艺CAD系统一般包括纸样设计、推版和排料三个模块。这三个模块既相互独立又相互联系。相互独立，是指这三个模块一般都有各自的操作界面；相互联系，是指在一个模块中建立起来的图形或数据信息可被另一模块调用。通过相互联系，才能实现服装CAD系统的综合功能，即从衣片设计到推版和排料、输出全套的工艺纸样。

一、纸样设计模块

纸样设计模块从其设计原理和思路上可分为三个层次：一是辅助设计层次，是把服装制版师所采用的平面服装结构设计的方法和过程在计算机上得以表现，即通过数字化笔、数字化板、鼠标、键盘等输入设备并利用系统提供的作图工具，按照手工制版的方法和顺序设计纸样。另外，对纸样的修改更方便、快捷，纸样完成后还可通过绘图机等输出设备绘制纸样，这就是人机交互方式的制版。二是自动设计层次，利用参数进行纸样的设计，一方面修改尺寸表得到不同尺寸的纸样，另一方面纸样的设计公式修改方便，使纸样设计大大优于手工设计的过程。而且随着人工智能化技术的迅速发展，将会使服装纸样设计进入一个崭新的领域。三是立体设计层次，这是纸样设计从平面向立体过渡的未来发展方向，依靠三维图形学技术的发展，把平面的服装样片和立体的人体模型结合起来，使纸样设计更科学、更合理。特别是彩色立体图形技术和虚拟技术的发展，把立体裁剪方法搬到计算机上来进行，不仅给服装CAD领域，也同时给服装设计领域带来极大的影响。

服装CAD系统的优劣也主要体现在工业纸样设计之中，所以工业纸样设计也是评价CAD系统的重要因素之一。

二、推版模块

计算机辅助推版是利用输入设备（如数字化仪、扫描仪、数码相机等）将手工制作的服装纸样、立体裁剪所设计的纸样或外加工生产时客户提供的纸样（把基本纸样当成母版，一般为中间号型的纸样）输入到计算机中，进行放缩规则设计。通过前面的学习可知，手工推版中存在较多烦琐、重复性的计算，稍有疏忽很容易产生错误，而烦琐的计算正是计算机的优势所在。利用计算机推版能大幅度地缩短时间，且提高推版的精度。

目前，计算机辅助推版的功能十分强大，它包括了全面的逐点放码、自动放码及资料库放码等。常用的方法有点放码、切开线放码、公式放码、规则放码、线放码、档比放码、自动比例放码、自动放码等。

（一）点放码

为了推放出同一款式不同号型的服装样版，只要在标准母版的关键点上分别给出不同号型的x和y坐标方向的位移量就可得到放码后这些关键点的新位置，经曲线拟合，可形成不同号型的服装样版。由于一套服装的样版数量较多，每一个样版又有大量的关键点，各点之间又相互关联着，因此这种方法推版，操作量较大，且易出错。但是该方法原理比较简单，易于理解、易于接受，在较多的服装CAD系统中都被选用。

（二）切开线放码

切开线放码的基本原理是利用一些假想的线（切开线）在标准母版的适当部位假想地切开，并在这个部位放大或缩小一定的量，从而得到其他号型的样版。它是借助计算机实现的比较科学、灵活和优秀的服装放码方法之一。它具有时间短、精度高、效率高等特点。

（三）公式放码

公式放码的基础是服装款式结构和人体尺寸。它是先利用设计公式和放缩量分配规则及特体调整规则形成放码公式，再用测量得来的人体主要尺寸经分解、推算成各主要部位尺寸，然后求其与标准样版相应尺寸的增量，代入放码公式得到各放码点的放码量，从而得到各个样版的放码点的新位置，最后通过曲线连接，完成样版的放码。

对于衣片图上的所有关键点，一般可以用衣服标本尺寸，由系统重新计算衣片的各关键点坐标值，再把各点连线或曲线拟合以产生新的衣片图。该方法可以根据衣服基本尺寸的变化精确计算出各关键点的坐标值，其推版精度是由衣片关键点的标值与衣服基本尺寸的关系公式所决定的。

（四）规则放码

规则放码是按照一组指令来确定不同的增量值，依此放大或缩小样版。对每个放码点输入相应的放码规则，得到对应的放码量，这样当输入标准母版和放码规则后形成了标准母版数据文件和放码规则文件，由此进行放码操作。

规则放码适用于已设计好的标准样版或来样加工，放码时只要选定放缩点输入放码规则即可得到各点的新坐标值，然后将所有用新坐标值确定的点用直线或曲线连接、拟合就得到放码后的新衣片图形。

（五）线放码

线放码是将服装纸样的最大号型样版和最小

号型样版同时输入计算机，之后将样版的对应点用线连接并等分连接线，所得等分点就是各号型纸样的对应点，再连接各点就形成了新的纸样。

（六）档比放码

档比放码是将传统的以胸腰差为特征的体型补充修正为以胸腰比为特征的体系。它的最大优点就是能保证纸样各部位的比值不变，从而保证推放后服装的造型不变，使服装系列更趋于合理。

（七）自动比例放码

自动比例放码是以图形坐标变换和图形相似变换为基础的，它的特点是操作简便，只要确定了放缩基准点，整个样版就会按照一定的比例完成推版操作。

（八）自动放码

自动放码是把不同款式服装的放码数据存放到一个数据表格（数据库）中，在操作中随时调用，以规范和简化放码的操作。利用这个数据库的自动放码可以被认为是对点放码的改进和扩充，它把大量的放码数据存放到数据表格中，可以方便地重复使用，有效地提高了服装放码的速度与精确度。

三、排料模块

排料又称排唛架，对任何一家服装企业来说都是非常重要的，因为它直接关系到生产成本的高低。只有在排料完成后，才能开始裁剪、加工服装。在排料过程中有一个问题值得考虑，即可以用于排料的时间与可以接受的排料率之间的关系。使用CAD系统的最大好处就是可以随时监测面料的用量，用户还可以在屏幕上看到所排衣片的全部信息，再也不必在纸上以手工方式描出所有的样版，仅此一项就可以节省大量时间。许多系统都提供自动排料功能，这使得服装设计师可以很快估算出一件服装的面料用量。由于面料用量是服装加工初期成本的一部分，因此在对服装外观影响最小的前提下，制版师经常会对服装样

版做适当的修改和调整以降低面料消耗量。裙子就是一个很好的例子，如三片裙在排料方面就比两片裙更加紧凑，从而可以提高面料的使用率。

无论服装企业是否拥有自动裁床，排料过程都包含有很多技术和经验。计算机系统成功的关键在于它可以使用户试验样片各种不同的排列方式，并记录下各阶段的排料结果，再通过多次尝试能够得出可以接受的材料利用率。由于这一过程通常在一台终端上就可以完成，与纯手工相比，它占用的工作空间很小，所需要的时间也较短。计算机排料一般有交互式排料和自动排料两种方式。

（一）交互式排料

根据排料的规则和排料师的经验，把待排的所有裁剪纸样利用鼠标或键盘控制进行排放。每排定一片纸样，系统会随时报告已排定的衣片数、待排衣片数、用料长度和利用率等信息，个别系统会给出段耗。这种方式多用于服装生产企业正式的裁剪过程。

（二）自动排料

自动排料是系统按照预先设置的数学计算方式，将纸样逐一放置于优选的位置上，直至把全部待排裁剪纸样排放完毕，从而得到面料的利用率。虽然每次自动排料都有不同的优化方案，获得的排料结果也会有差异，但目前的自动排料尚不能达到让人满意的利用率，所以这种方式常作为估料使用，有时还与交互式排料结合使用。

思考题

1. 简述服装CAD作用有哪些？
2. 简述服装CAD的发展趋势。

实训题

以实际生产任务为载体来模拟工业化生产的过程，要求学生做系统的训练，即完成从结构设计、工业样版设计的一系列工作。

通过训练，学会基本服装CAD工具的使用。

附件

附1 纺织品、服装洗涤标志（参考）

一、服装洗涤名词术语

水洗：将衣服置于放有水的盆或洗衣机中进行洗涤（水洗可以用机器，也可以手工进行）。

氯漂：在水洗之前、水洗过程中或水洗之后，在水溶液中使用氯漂白剂以提高洁白度及去除污渍。

熨烫：使用适当的工具和设备，在纺织品或者服装上进行熨烫，以恢复其形态和外貌。

干洗：使用有机溶剂洗涤纺织品或服装，包括必要的去除污渍、冲洗、脱水、干燥。

水洗后干燥：在水洗后，将纺织品或服装上残留的水分予以去除。不宜甩干或拧干的，可直接滴干。

分开洗涤（wash separately）：单独洗涤或将颜色相近的纺织品或服装放在一起洗涤。

反面洗涤（wash inside out）：为了保护纺织品或服装，将其里朝外翻过来洗涤。

不可皂洗（do not use soap）：不可用日常的肥皂来洗涤。

不可甩干（do not spin to dry）：水洗后不能用机器甩干。

不可搓洗（do not scrub）：不能用搓衣板搓洗，也不能用手搓洗。

刷洗（brush）：用刷子轻轻刷洗。

整件刷洗（all brush）：将整件衣服轻轻用刷子刷洗。

反面熨烫（iron on reverse side only）：将服装反面翻过来熨烫。

湿熨烫（iron damp）：在熨烫前将服装弄湿。

远离热源（dry away from heat）：是指在洗后晾晒时，衣服远离直接热源。

二、服装洗涤常见图形符号（附表1、附表2）

附表1 基本符号

序号	名称 中文	名称 英文	图形符号	说明
1	水洗	Washing		用洗涤槽表示，包括机洗和手洗
2	氯漂	Chlorine-based bleaching		用等边三角形表示
3	熨烫	Ironing and pressing		用熨斗表示

续表

序号	名称 中文	名称 英文	图形符号	说明
4	干洗	Dry cleaning	○	用圆形表示
5	水洗后干燥	Drying after washing	□ ⊤	用正方形或悬挂的衣服表示

附表2　服装常见面料及其英文代号

面料	英文代码	面料	英文代码
棉	COTTON	人造丝、人造棉、人棉	RAYON
			VISCOSE
毛	WOOL	天丝	TENCEL
丝	SILK	氨纶：斯潘德克斯	SPANDEX
麻	LINEN	氨纶：莱卡、拉卡、拉架	LYCRA
天然丝（桑蚕丝）	NATURAL-SILK	锦纶：尼龙	NYLON
黏胶纤维：哑光丝、黏纤	VISCOSE	蛋白质纤维	PROTEIN
弹性纤维	ELASTANE	黏胶纤维：莫代尔纤维	MODAL
腈纶：亚克力纤维、合成羊毛	ACRYLIC	山羊绒：开司米	CASHMERE
腈纶：拉舍尔（经编针织物）	RASCHEL	涤纶：聚酯纤维、的确良	POLYESTER

三、常见面料特性及洗涤保养方式

1. 棉

优点：①吸湿透气性好，手感柔软，穿着舒适；②外观朴实，富有自然的美感，光泽柔和，染色性能好；③耐碱和耐热性特别好。

缺点：①缺乏弹性且不挺括，容易起皱；②色牢度不高，容易褪色；③衣服保形性差，洗后容易缩水和走形（缩水率通常在4%至12%）；④特别怕酸，当浓硫酸沾染棉布时，棉布会被烧成洞，当有酸不慎弄到衣服上，应及时清洗以免酸对衣服产生致命的破坏。

洗涤方法：①可用各种洗涤剂，可手洗或机洗，但因棉纤维的弹性较差，故洗涤时不要用大力搓洗，以免衣服变形，影响尺寸；②白色衣物可用碱性较强的洗涤剂高温洗涤，起漂白作用，贴身内衣不可用热水浸泡，以免出现黄色汗斑。其他颜色衣服最好用冷水洗涤，不可用含有漂白成分的洗涤剂或洗衣粉进行洗涤，以免造成脱色，更不可将洗衣粉直接倒在棉织品上，以免局部脱色；③浅色、白色可浸泡1至2小时后洗涤去污效果更佳。深色不要浸泡时间过长，以免褪色，应及时洗涤，水中可加一匙盐，使衣服不易褪色；④深色衣服应与其他衣物分开洗涤，以免染色；⑤衣服洗好排水时，应把它叠起来，大把地挤掉水分或是用毛巾包卷起来挤水，切不可用力拧绞，以免衣服走形。也不可滴干，这样衣服晾干后会过度走形；⑥洗涤脱水后应迅速平整挂干，以减少褶皱。除白色织物外，不要在阳光下暴晒，避免由于暴晒而使得棉布氧化加快，从而降低衣服使用寿命并引起褪色泛黄，若在日光下晾晒时，建议将里面朝外进行晾晒。

2.毛

优点：①羊毛是很好的亲水性纤维，具有非常好的吸湿透气性，轻薄滑爽，布面光洁的精纺毛织物最适合夏季穿，派力司、凡立丁等毛织物就属于这类织物；②羊毛天然卷曲，可以形成许多不流动的空气区间作为屏障，具有很好的保暖性，所以较厚实稍密的华达呢、啥味呢很适合作春秋装衣料；③羊毛光泽柔和自然，手感柔软，与棉、麻、丝等其他天然纤维相比较，有非常好的拉伸性及弹性恢复性，熨烫后有较好的褶皱成形和保形性，因此它有很好的外观保持性。

缺点：①羊毛受到摩擦和揉搓的时候，毛纤维就粘在一起，发生抽缩反应（就是通常说的缩水，20%的缩水属于正常范围）；②羊毛容易被虫蛀，经常摩擦会起球；③羊毛不耐光和热，光和热对羊毛有致命的破坏作用；④羊毛特怕碱，清洗时要选择中性的洗涤剂，否则会引起羊毛缩水。

洗涤方法：①如果使用洗衣机来洗，不要使用波轮洗衣机，最好使用滚筒洗衣机来洗，而且只能选择柔和程序。如果手洗最好轻轻揉洗，不可使用搓衣板搓洗；②洗涤剂一定要选择中性的，如洗洁精、皂片、羊毛衫洗涤剂等，不宜使用洗衣粉或肥皂，否则衣服很容易发生缩水；③洗之前最好用冷水短时间浸泡（10至20分钟），这样洗涤效果会更好，水温尽可能低，绝对不允许超过40℃，否则洗的时候衣服很容易缩水；④洗涤时间不宜过长（一般3至5分钟），以防止缩水，用洗衣机脱水时应用干布包好才能进行脱水，以1分钟为宜；⑤衣服洗好人工排水时，应把它叠起来，大把地挤掉水分或是用毛巾包卷起来挤水，此时用力要适度，绝对不允许拧绞，以免衣服缩绒；⑥把洗干净的衣服放入加有2至3滴醋的水中浸泡5分钟，再用清水净1至2次，中和衣物中的碱，可使毛织品颜色鲜明、质地柔软；⑦晾晒时应在阴凉通风处晾晒，不可挂晒，只可半悬挂晾干，以免走形，不可以在强烈日光下暴晒，以防止织物失去光泽和弹性从而降低衣服的寿命；⑧高档全毛料或毛与其他纤维混纺的衣物建议干洗，夹克类及西装类须干洗。

日常保养：①穿过的服装换季储存时，要洗干净，以免因汗渍、尘灰导致发霉或生虫；②储藏时，最好不要折叠，应挂在衣架上存放在箱柜里，以免穿着时出现褶皱，应放置适量的防霉防蛀药剂，以免发霉、虫蛀；③存放的服装要遮光，避免阳光直射，以防褪色；④应经常拿出晾晒（不要暴晒），在高温潮湿季节晾晒次数要多些，拍打尘灰，去潮湿，晒过后要凉透再放入箱柜；⑤如果羊毛衣服变形，可挂在有热蒸汽处或蒸汽熨斗喷一下悬挂一段时间就可恢复原状（如出差住宾馆时，褶皱西装悬挂在有蒸汽的浴室内1小时）；⑥在整形熨烫时，不可直接用熨斗熨烫，要求垫湿布熨烫，以免起亮光。

小知识：①山羊绒被称为开司米（CASHMERE），所以一提到"开司米"，就是指山羊绒；②毛涤织物是指用羊毛和涤纶混纺制成的织物，这种织物既可保持羊毛的优点，又能发挥涤纶的长处，是当前混纺毛料织物中最普通的一种（如：精纺毛涤薄型花呢又称凉爽呢，俗称"毛的确良"。毛涤薄型花呢与全毛花呢相比质地更轻薄，褶皱回复性更好，更坚牢耐磨，易洗快干，褶裥更持久，尺寸更稳定，更不易虫蛀，唯独手感不及全毛柔滑）；③毛黏混纺是指用羊毛和黏胶纤维混纺制成的织物，目的是降低毛纺织物的成本，又不使毛纺织物的风格因黏胶纤维的混入而明显降低。由于黏胶纤维的混入，将使织物的强力、耐磨性、抗皱性、蓬松性等多项性能明显变差。

3.丝

优点：①富有光泽和弹性，有独特"丝鸣

感"，穿在身上有悬垂飘逸之感；②丝具有很好的吸湿性，手感滑爽且柔软，比棉、毛更耐热。

缺点：①丝的抗皱性比毛要差；②丝的耐光性很差，不适合长时间晒在日光下；③丝和毛一样，都属于蛋白质纤维，特别怕碱；④丝制衣服容易吸身，不够结实；⑤在光、水、碱、高温、机械摩擦下都会出现褪色，不宜用机械洗涤，最好是干洗。

洗涤：①忌碱性洗涤剂，应选用中性的洗衣粉、肥皂或丝绸专用洗涤剂（丝毛净）；②冷水或温水洗涤，洗涤前，最好将衣物在水中浸泡5至10分钟，不宜长时间浸泡；③轻柔洗涤，可大把轻搓，忌拧绞，忌硬板刷刷洗；④衣服洗好人工排水时，应把它叠起来，大把地挤掉水分或是用毛巾包卷起来挤水，此时用力要适度，绝对不允许拧绞，以免产生并丝，从而使面料受到严重损害；⑤如果使用普通洗衣粉或肥皂洗涤时，把洗净后的衣服放入加有2至3滴醋的水中浸泡5分钟，再用清水净1至2次，这样可以中和衣服上的碱性物质，从而保持丝织物的鲜艳色泽；⑥一般可带水挂在衣架上并放置阴凉处晾干为宜，忌日晒，不宜烘干；⑦深色丝织物应清水漂洗，以免褪色；⑧与其他衣物分开洗涤。

保养方法：①收藏前应把衣服洗净、熨烫一遍并晾干，以起到杀菌灭虫的作用，最好叠放，用布包好单独存放，不可挤压；②金丝绒等丝绒服装一定要用衣架挂起来存放，防止绒线被压而出现倒绒；③丝绸不宜放置樟脑丸，否则白色衣物会泛黄；④如果熨烫丝绸服装，可在晾到七八成干时，用白布衬在绸面熨烫，但熨斗温度不可高于130℃，否则丝绸服装会损伤或"脆化"，影响穿着寿命，熨烫时切忌喷水，避免出现水渍痕，影响外观；⑤真丝衣服色牢度极差，在太阳暴晒后，一经洗涤就褪色发白而出现白块。白块的处理办法：把衣物放入3%冰醋溶液（或用白醋）中匀染20分钟，匀染时要用手不停地搅动衣服。

4.麻

优点：①透气，有独特凉爽感，出汗不粘身；②色泽鲜艳，有较好的天然光泽，不易褪色，不易缩水；③导热、吸湿比棉织物大，对酸碱反应不敏感，不易受潮发霉；④抗蛀、抗霉菌较好。

缺点：①手感粗糙，穿着不滑爽舒适，易起皱，悬垂性差；②麻纤维刚硬，抱合力差。

洗涤方法：①同棉织物洗涤要求基本相同；②洗涤时应比棉织物要轻柔，忌使用硬毛刷刷洗或用力揉搓，以免布料起毛，洗后忌用力拧绞；③有色织物不要用热水泡，不宜在强烈阳光下暴晒，以免褪色；④在衣服晾到七八成干时可以进行熨烫，若为干衣服则需要在熨烫前喷上水，30分钟后待水滴匀开再熨烫，可以直接熨烫衣料的反面，温度可略偏高些。白色或浅色衣服的正面进行熨烫，温度要略低些，褶裥处不宜重压熨烫，以免致脆。

5.黏胶纤维

黏胶纤维是以木浆、棉短绒为原料，从中提取自然纤维，再把这些自然纤维经过特殊工艺处理，最后就制成了黏胶纤维。

黏胶纤维包括：莫代尔纤维、哑光丝、黏纤、人造丝、人造棉（人棉）、人造毛。优点：①黏胶具有很好的吸湿性（普通化纤中它的吸湿性是最强的）、透气性，穿着舒适性好；②黏胶织品光洁柔软，有丝绸感，手感滑爽，具有良好的染色性，而且不宜褪色。

缺点：①黏胶纤维手感重、弹性差而且容易褶皱，且不挺括；②不耐水洗，不耐磨，容易起毛，尺寸稳定性差，缩水率高；③不耐碱，不耐酸。

洗涤：①水洗时要随洗随浸，浸泡时间不可超过15分钟，否则洗液中的污物又会浸入纤维；②黏胶纤维织物遇水会发硬，纤维结构很不牢固，洗涤时要轻洗，以免起毛或裂口；③用中性洗涤剂或低碱洗涤剂，洗涤液温度不能超过35℃；④洗后排水时应把衣服叠起来，大把地挤掉水分，切忌拧绞，以免走形；⑤在洗液中洗好后，要先用干净的温水洗一遍，再用冷水洗一遍，否则会有一部分洗涤剂固留在衣服上，不容易洗下来，使浅色衣服泛黄；⑥洗后忌暴晒，应在阴凉或通风处晾晒，以免造成褪色和面料寿命下降；⑦对薄的化纤织品，如人造丝被面、人造丝绸等应干洗，不宜水洗，以免缩水走样。

保养：①穿用时要尽量减少摩擦、拉扯，经常换洗，防止久穿变形；②黏纤服装洗净、晾干、熨烫后，应叠放平整，按深、浅色分开放，不宜长期在衣柜内悬挂，以免伸长变形；③黏纤服装吸湿性很强，收藏中应防止高温、高湿和不洁环境引起的霉变现象；④熨烫时要求低温垫布熨烫，熨烫时要少用推拉，使服装自然伸展对正。

6. 腈纶

腈纶是由85%丙烯腈和15%的高分子聚合物所纺制成的合成纤维。腈纶包括：亚克力纤维、合成羊毛、拉舍尔。

优点：①质轻而柔软，蓬松而保暖，外观和手感很像羊毛，保暖性和弹性较好；②耐热，耐酸碱腐蚀（强碱除外），不怕虫蛀和霉烂，具有高度的耐晒性（暴晒一年不会坏）；③易洗、快干。

缺点：①耐磨性比其他合成纤维差，弹性不如羊毛；②吸水性、染色性能不够好，尺寸稳定性差；③腈纶衣服容易产生静电，穿起来不舒服，容易脏；④腈纶纤维结构不牢固，洗涤时应轻揉。

洗涤：①可先在温水中浸泡15分钟，然后用洗衣粉洗涤，要轻揉、轻搓，不可用搓板搓洗，较厚衣物可用软毛刷刷洗，最后脱水时要轻轻拧去水分，不可拧绞，脱水后要整形，以免走形；②纯腈纶织物可晾晒，但混纺织物应放在阴凉处晾干；③熨烫时需要衣服正面衬湿布熨烫，温度不宜过高，时间不宜过久，以免收缩或出现极光。

保养：①由于这类织品不怕虫蛀，储存时不必放置樟脑丸，只要保持干净和干燥即可；②衣服褶皱时，只需将衣服展平，用稍微热点的水浸泡一下，然后取出稍稍用力拉平，较轻的褶皱即会平展。

7. 涤纶

涤纶纤维的原料是从石油、天然气中提炼出来经过特殊工艺处理而得到的一种合成纤维。

涤纶包括：聚酯纤维、的确良。

优点：①面料强度高，耐磨经穿；②颜色鲜艳且经久不褪色；③手感光滑、挺括、有弹性，且不易走形，抗褶抗缩；④易洗快干，无须熨烫；⑤耐酸耐碱，不易腐蚀。

缺点：①透气性差，吸湿性更差，穿起来比较闷热；②干燥的季节（冬天）易产生静电而容易吸尘土；③涤纶面料在摩擦处很容易起球，一旦起球就很难脱落。

洗涤方法：①用冷水或温水洗涤，不要强力拧；②洗好后宜阴干，不可暴晒，以免因热生皱；③熨烫时应加垫湿布，温度不可过高，深色服装最好熨烫反面。

8. 氨纶

氨纶包括：弹性纤维、莱卡（拉卡）、拉架、斯潘德克斯。

优点：①伸缩性大，保形性好，而且不起皱；②手感柔软平滑，弹性最好，穿着舒适，贴体合身；③耐酸碱、耐磨、耐老化；④具有良好的染色性，而且不易褪色。

缺点：①吸湿差；②氨纶通常不单独使用，而是与其他面料进行混纺。

9. 锦纶（又叫尼龙）

优点：①结实耐磨，是合成纤维中最耐磨、最结实的一种；②密度比棉、黏胶纤维要小；③富有弹性，定型、保形程度仅次于涤纶；④耐酸碱腐蚀，不霉不蛀。

缺点：①吸湿能力低，舒适性较差，但比腈纶、涤纶好；②耐光、耐热性较差，久晒会发黄而老化；③收缩性较大；④服装穿久易起毛、起球。

洗涤方法：①对洗涤剂要求不高，水温不宜超过40℃，以免温度太热而走形；②洗涤时不要猛搓，以免出现小毛球；③对浅色织品洗后应多冲几次，不然日久容易泛黄；④忌暴晒和烘干，应阴干；⑤锦纶耐热性较差，所以要低温熨烫，一定要打蒸汽，不能干烫。

四、各种面料优缺点汇总（附表3）

附表3　各种面料优缺点

面料名称	常见名称	最大优点	最大缺点
棉	精棉、健康棉、长绒棉、海岛棉	吸湿、透气	易褶皱、易缩水走形、易褪色
毛	马海毛、山羊毛、驼毛	柔软滑爽、富有弹性、吸湿、透气	易缩水、易起毛
丝	桑蚕丝、柞蚕丝	特有的光泽度和丝鸣感、悬垂感极佳	易褶皱（比棉强）、易褪色
麻	亚麻、黄麻、大麻	特有的凉爽感、出汗不贴身、不缩水、不褪色	粗糙、易褶皱、不滑爽
黏胶纤维	莫代尔纤维、哑光丝、黏纤、人造丝、人造棉、人造毛	特有的丝绸感和滑爽度、吸湿透气性仅次于棉、不褪色	弹性差、易褶皱、缩水率高、易起毛
腈纶	亚克力纤维、合成羊毛、拉舍尔	柔软而蓬松、易洗快干、不缩水、耐光耐晒	吸湿性差、易起静电且容易脏、穿着有闷气感、易起球
涤纶	聚酯纤维、的确良	颜色鲜艳不褪色、光滑不走形、挺括不褶皱	吸湿透气性差、摩擦易起球
氨纶	弹性纤维、莱卡、拉卡、拉架、斯潘德克斯	极佳的弹性和伸展性、特有的保形性、不褪色	吸湿性差
锦纶	尼龙	耐磨结实、保形性仅次于涤纶、不褪色	吸湿性差、怕晒、易起球、易起毛

附2　服装技术文件（参考）

一、服装技术文件内容概要

成衣工厂生产方面主要技术文件包括服装订货单、生产通知单、工艺单、封样单、样品版单等，见附表1。

附表1 技术文件内容概要

序号	内容	拟定部门	拟定日期	份数	张数	说明
1	服装订货单	营销				
2	反馈单	分部门				
3	设计图	技术				
4	生产通知单	计划				
5	成品规格表	技术				
6	面辅料明细表	技术				
7	面辅材料测试明细表	技术				
8	工艺单、工艺卡	技术				
9	样版复核单	质检				
10	排料图、原辅料定额	技术				
11	裁剪生产工艺单	技术				
12	工序流程与工价表	技术				
13	首件封样单	技术				
14	首件成品检定表	技术				
15	产品质量检验表	质检				
16	成本核价单	财务				
17	报检单	质检				
18	生产进度报表	技术				
19	样品版单	技术				

二、具体技术文件要求

（一）生产通知单

生产通知单也称生产任务书，是服装企业计划部门根据内、外销订货合约制定下达给生产部门的任务书。生产通知单的格式各个服装企业可根据自己的特点自行拟定，内容一般包括：服装名称、服装数量、款号、号型的分配、面辅料的要求和使用、时间进度要求、包装要求、生产定额、操作要求、合约编号、交货日期等，见附表2、附表3。

附表2 生产通知单1

订货单位：_____ 日期：_____ 小组：_____ 编号：_____ 合同号：_____

产品	单位	数量	规格数量			计划			原辅材料			
						班台（台）	定额	日产量	名称	单位	单耗	总数
	总数											

工序	进度							
	1	2	3		28	29	30	
裁剪								
机缝								
洗水								
整理								

说明：

附表3 生产通知单2

对方单位：_____   开单日期：____年__月__日   交货日期：____年__月__日

对方要货单编号			合约	生产品种		数量	
款式		商标		品牌	腰牌		
材料情况			产品规格色号搭配				
原料名称		腰围 规格 色号				另辅料情况	
门幅						木纱	
数量						线球	
辅料情况						纽扣	
袋布							
门幅							
数量						包装要求	
里料							
门幅							
数量		每件定料					
衬类		实际定料					
门幅		合计用料					
数量		操作要求					

单位：_____ 技术：_____ 发料：_____ 裁剪：_____ 收发：_____ 车间：_____ 包装：_____

（二）服装工艺单

服装工艺单是技术部门制订并用于指导生产的技术文件之一。服装工艺单一般是企业根据现有的技术装备并结合款式的具体要求，由技术部门自己拟定的，内容一般包括：制造规格、服装局部工艺制作要求和说明、相关的编号、数量配比、相关示意图解、缝制要求、包装说明、面料里料说明等。（附表4）

裁剪生产工艺单是由技术部门制订，一般用于指导裁剪部门生产。内容主要包括：铺料长度、铺料床数、打号规定和技术质量要求等。（附表5）

附表4 服装工艺单

日期：_____年____月____日

合约号		客户						裁剪					
合同号		厂号											
品名		数量配比											
品号													
制造规格单位（ ）			总计										
序				制作图示 唛头图示 锁钉									
A													
B													
C													
D													
E								缝制工艺					
F													
G													
H													
I													
J													
K													
L													
M													
配用辅料			包装	里面小样 内箱规格 外箱规格 正唛 侧唛									

封样员_____ 审核人_____ 负责人_____ 交货日期_____年____月____日

附表5 裁剪生产工艺单

货号			生产任务	号型						
品名				数量/件						
规格搭配										
铺料长度/m										
铺料床数										
打号规定										
技术质量要求				记录						

（三）服装样品版单（附表6）

附表6　服装样品版单

款号_____　　客户_____　　公司_____

厂号_____　　款名_____　　交期_____

	部位		规格	制版		成衣	
			自检	部检	备注	自检	部检	备注
1	Body Length HPS/CB	身长　肩顶/后中						
2	1/2 Body Width 1"	Below Armhole 半胸围　腋下1"						
3	Shoulder Width	肩宽						
4	Shoulder Slope	肩斜						
5	Shoulder Pad Placement	垫肩位置						
6	Across Front 6" HPS	前胸　肩顶下6"						
7	Across Back 6"HPS	后背　肩顶下6"						
8	Waist 1/2　HPS	半腰围　肩顶下						
9	Bottom Opening 1/2	半下摆						
10	Front Neck Drop	前领深						
11	Back Neck Drop	后领深						
12	Neck Width S/S E/E	领宽						
13	Minimun Neck Stretch	最小拉领						
14	Collar/Trim Height	领高后中/领尖						
15	Collar Length	领长						
16	Sleeve Length Fr.Shoulder	袖长						
17	Sleeve Length CB	后中袖长						
18	Armhole Raglan F/B	半袖窿　弯量						
19	Muscle 1" Below Armhole	半袖肥　腋下1"						
20	Cuff opening E/E	半袖口						
21	Cuff/Hem Height	克夫高/贴边						
22	Placket L × W	门襟长×宽						
23	Pocket L × W	口袋长×宽						
24	Pocket Placement HPS/CF	袋位　顶下/前中						
	制单日期	签名						
备注								

（四）工序流程及工价表（附表7）

附表7 F001牛仔裤工序流程及工价表

工序号	工序名称	译名	机种	元/每打	工时定额	操作者
	裁法	裁剪		2.00		
一前片							
1	嵌小件 三线嵌钮子牌 三线嵌袋衬	码小物 码钮门襟里 做袋衬	C三线码边机	0.80		
2	平车拉袋衬 装前袋	单针做袋布 绱前袋	A单针机	0.70		
3	双针缉前袋口 缉表袋口 装表袋	双针缉袋口 缉袋口明线 绱表袋	B双针机	0.50		
4	平车落钮排上拉链	单针绱门襟里拉链	A单针机	0.60		
5	双针运钮排	双针绱门襟明线	B双针机	0.60		
6	平车落钮2排 拉链 小浪	单针绱钮襟 拉链 含小裆	A单针机	0.60		
7	五线嵌袋底 缉小浪	五线包袋底 缉裆	V五线包缝机	0.30		
二后片							
8	双针缉后袋口花线	双针缉后袋口明线、花线	B双针机	0.60		
9	平车装后袋	单车明线绱后袋	A单针机	1.20		
10	埋夹后机头、后浪	三针机绱后翘含后裆	M埋夹机	1.20		
11(10)	五线嵌机头、后浪	五线包后翘	V五线包缝机	0.55		
12(10)	双针运机头	双针缉后翘明线	B双针机	0.50		
13(10)	平车缉机头中线	缉后翘中间明线	A单针机	0.30		
三合成							
14	埋夹胼骨	三线合裤线	M埋夹机	1.20		
15(14)	五线银施骨	五线车侧线	金线包缝机	0.60		
16(14)	双针缉施骨	双针缉裤线	B双针机	0.60		
17(14)	单针缉脾骨中线	单针缉裤线	A单针机	0.30		
18	五线嵌底浪	五线包底裆线	V五线机	0.65		
19	拉裤头	绱大腰	L撸腰机	0.60		
20	平车封腰头	缉腰头	A单针机	0.40		
21	封裤嘴	收裤脚	K撸腰机	0.60		
22	制耳仔带、打结、装耳仔	推襻带、打枣、钉裤环	撸襻机 打结机	1.30		
四后道				3.50		
合计							

（五）生产进度日报表（附表8）

附表8　时装公司生产进度日报表

序号	款式	裁剪		缝一		缝二		水洗		整理		入库	
		当天	累计	当天	累计	当天	累计	当天	累计	当天	累计	当天	累计
说明：													

制表：_____　审核：_____

（六）服装成本核价单（附表9）

附表9　服装成本核价单

计量单位				要货单位		填写时间
产品名称				任务数		款号
	项目	单位	单价	用量	金额	说明
主料						
	合计					
辅料						
	合计					
其他						小样
	包装小计					
	工缴总金额					
	额工花绣					
	绣花工缴总额					
	动力费					
	上缴管理费					
	税金					
	公司管理费					
	中耗费					
	运输费					
	工人工资					小样
	工厂总成本					
	出厂价					
	批发价					
	零售价					

制表：_____　审核：_____　复核：_____

（七）产品质量检验表（附表10）

附表10　产品质量检验表

品名		款号		地区		结果	
日期		质检员		备注			
出席人记录							
分析记录							
改进要求							
负责人签名							

（八）服装成品验收单（附表11）

附表11　服装成品验收单

品名		货号		地区		备注		
合约		品牌		数量/件				生产单位情况
箱号	规格	数量	箱号	规格	数量	箱号	规格	数员
								验收意见
								厂检验意见
小计			小计			小计		
合计			包括副、次品总数					
说明								

生产单位：_____　_____年_____月_____日

参考文献

[1] 李正，顾鸿炜.服装工业制版[M].上海：东华大学出版社，2008.

[2] 刘瑞璞.男装纸样设计原理与技巧[M].北京：中国纺织出版社，1999.

[3] 李正.服装结构设计教程[M].上海：上海科学技术出版社，2002.

[4] 刘国联.服装厂技术管理[M].北京：中国纺织出版社，1999.

[5] 王海亮，周邦桢.服装制图与推版技术[M].北京：中国纺织出版社，1999.

[6] 张文斌.服装结构设计[M].北京：中国纺织出版社，2006.

[7] 张文斌.服装制版基础篇[M].上海：东华大学出版社，2012.

[8] 吴宇，王培俊.服装结构与纸样放缩[M].北京：中国轻工业出版社，2001.

[9] 张文斌.服装工艺学[M].北京：中国纺织出版社，1990.

[10] 魏立达.服装推板放码疑难解答100例[M].北京：中国轻工业出版社，1999.

[11] 邹奉元.服装工业样板制作原理与技巧[M].杭州：浙江大学出版社，2006.

[12] 谢良.服装结构设计研究与案例[M].上海：上海科学技术出版社，2005.

[13] 威妮弗雷德·奥尔德里奇.男装样板设计[M].王旭，丁晖，译.北京：中国纺织出版社，2003.

[14] 戴孝林，许继红.服装工业制板[M].北京：化学工业出版社，2007.

[15] 张玲，张辉，郭瑞良.服装CAD板型设计[M].北京：中国纺织出版社，2008.

[16] 珍妮·普赖斯，伯纳德·赞克夫.美国经典服装推板技术[M].潘波，罗素容，译.北京：中国纺织出版社，2003.